먹는 보물 숨은 보약 향토밥상

먹는 보물 숨은 보약

향토밥상

초판 1쇄 인쇄_ 2024년 11월 15일
초판 1쇄 발행_ 2024년 11월 20일

지은이_농민신문 문화부 향토밥상 취재팀
발행인_강호동
편집인_김정식
인쇄_(주)삼보아트

펴낸 곳_사단법인 농민신문사
출판 등록_제25100-2017-000077호

주소_서울시 서대문구 독립문로 59
홈페이지_ www.nongmin.com
판매처 전화_02-3703-6087
판매처 팩스_02-3703-6213

※ 잘못된 책은 바꿔 드립니다.
※ 책값은 뒤표지에 있습니다.

먹는 보물 숨은 보약
향토밥상

농민신문 문화부 향토밥상 취재팀 지음

방방곡곡 발로 찾은 향토 별미 65선!

농민신문사

머리말

'먹는 보물' & '숨은 보약'을 찾아서

밥상엔 지역 주민들의 삶과 생활 양식이 그대로 담겨 있습니다. 어떤 식재료가 풍부한지, 어떻게 먹는지는 사람들의 삶을 들여다보는 창(窓)입니다. 먹을 것이 귀했던 시절, 가족의 허기진 배를 채우던 식재료는 지금은 현지에서도 쉽게 구하기 어려워 더욱 소중하게 여겨집니다. 이런 이유만으로도 지역의 감춰진 음식을 찾아 알리는 것은 의미가 있습니다. 더구나 지방 소멸이 사회적 화두로 등장하는 이때 향토 음식을 발굴해 사람을 불러들이는 것은 먹거리를 알리는 것에 그치지 않고 지역을 살리는 또 다른 시도가 될 것입니다.

휴대폰 터치 한 번이면 부산 '낙곱새'가 한 시간 내로 배달 오고, 소문난 칼국수를 밀키트로 마트에서 쉽게 구입할 수 있는 시대에 향토 음식을 말하는 것은 시대착오적인 발상일지도 모릅니다. 그럼에도 사라져가는 우리 먹거리를 짚어보고 지역 재생에 조금이나마 힘을 보태고자 기자들이 먼 길도 마다 않고 발길을 옮긴 것은 오랜 기간 이런 음식의 비법을 이어온 분들의 열정에 조금이나마 보답하기 위함입니다.

매번 감춰진 음식을 더듬어 찾아야 하는 고통도 잠시, 미식가들에게 신비한 보약 같은 향토 음식을 전할 수 있다는 것은 그 자체로 커다란 희열을 느끼게 합니다. 이런 음식은 오래전부터 지역 주민의 삶에 깊숙이 스며 있어 이에 다가가기 위해선 섬세한 접근이 요구됩니다. 향토 음식 취재는 취재원에게 '음식에 대한 첫 기억'을 묻는 것으로 시작합니다. 그러면 취재원은 한참을 생각하다 오래된 옛 기억을 꺼내 놓곤 합니다. 어릴 적 어머니가 해주신 음식의 손맛, 친구들과 바다로 나가 놀며 캔 조개, 술과 안주로 이웃과 허기를 달래던 이야기, 결혼한 뒤 처음 낯선 음식을 접하며 놀란 사연, 부담 없이 몇 푼 주고 사서 먹던 삼시 세끼의 추억 등 음식은 그들의 삶의 일부이자 전부였습니다.

'계절은 가장 먼저 입으로 느낀다'는 말처럼 향토 음식은 '제철'에 소개하는 것이 중요합니다. 요즘엔 유통과 보관 기술이 좋아져 언제라도 신선하게 먹을 수 있다지만 제철에 먹는 맛을 따라잡을 순 없습니다. 2024년 3월 말 '갑오징어먹찜'을 소개하려고 전남 장흥을 찾았을 때입니다. 분명 갑오징어 철이라는 소식을 듣고 갔는데 이게 웬걸, 아직은 갑오징어 먹찜을 먹기엔 이르다는 겁니다. 장흥의 횟집이란 횟집은 모두 다 연락한 끝에 3마리를 구해 겨우 취재를 마쳤던 일화도 있습니다. 어렵게 구해 취재한 오징어 먹찜은 어떤 음식보다 강렬한 인상을 남겼고, 최근 블랙푸드에 대한 높은 관심을 반영해 특별한 맛을 소개할 수 있었습니다.

특히 기자들이 숨겨진 향토 음식을 취재하고자 지역을 다니다보면 남다른 애정과 자부심으로 향토 음식 명맥을 이어가는 분들을 만날 때도 있습니다. 식재료에 대한 풍부한 지식과 음식 맛을 내는 비법을 설명할 때 반짝거리는 그 분들의 눈빛은 기자들로 하여금 향토 음식을 널리 알려야겠다는 사명감을 불러 일이키기도 합니다. 지난 10월 종영한 요리 경연 예능 프로그램 〈흑백요리사 : 요리 계급 전쟁〉은 큰 반응을 일으켰습니다. 이 프로그램은 잘 짜인 연출도 있겠지만, 요리사들의 맛에 대한 열정이 시청자들의 마음을 움직이는 것을 확인할 수 있습니다. 소문난 음식을 단순히 맛만 보는 것과 열정 가득한 주민들의 이야기를 듣고 식재료를 이해한 뒤 먹는 건 큰 차이가 있습니다. '아는 만큼 보인다'는 경구는 음식에도 해당되는 것이지요.

맛은 사람을 움직이게 합니다. 마음만 움직이는 게 아니라 실제로 발걸음을 잡아당기는 효과가 있습니다. 여행의 백미는 그 지역의 별미를 먹는 데 있다고 합니다. 인터넷을 검색하면 '○○에 가서 꼭 먹어봐야 할 음식 Top10' '가볼 만한 식당 추천' '먹방 투어' '먹깨비 여행' 등 다양한 용어가 나타나는 것을 볼 수 있습니다. 프랑스 타이어 제조회사 미쉐린이 매년 봄에 발간하는 '미슐랭가이드'는 세계적으로 훌륭한 맛집을 인증하는 상징입니다. 이중 별점 1스타는 '요리가 훌륭한 식당', 별점 2스타는 '요리가 훌륭해 찾아갈 만한 식당', 최고점인 별점 3스타는 '요리가 매우 훌륭하고 뚜렷한 개성을 가진 식당'을 의미한다고 합니다. 이 기준엔 △요리 재료의 수준 △요리법과 풍미의 완벽성 △요리 개성과 창의성 △가격 합리성 △변함없는 일관성 등이 포함됩니다. 이런 기준이라면 향토 밥상에서 소개된 메뉴를 제공하는 곳은 별점 3스타에 못지 않습니다.

지역을 차별화하는 콘텐츠가 무엇보다도 중요한 시대, 먹는 것만큼 사람에게 큰 감동을 주는 선물은 없습니다. 우리 향토 음식을 잘 보존하고 확산시켜 간다면 지방 소멸 시대에 무엇보다 큰 경쟁력이 될 것입니다. 지방 소멸 우려가 커지는 때에 본지는 지역 재생에 힘을 보태고자 '향토밥상'이라는 제목으로 연재된 기획기사(2022년 2월~2024년 10월)를 한권의 책으로 모아 '먹는 보물 숨은 보약 향토밥상'으로 출간합니다. 지방 소멸을 막기 위해 고군분투하시는 많은 분들과 이에 관심 있는 분들께 일독을 권하며 머리말로 대신하고, 늘 건강하고 행복한 삶을 누리시길 기원 드립니다.

2024년 11월 15일

농민신문 문화부 향토밥상 취재팀

차례

3장 | 충청도

4장 | 광주·전라도

5장 | 대구 · 부산 · 경상도

6장 | 제주도

1장

인천·경기도

가평 잣두부
강화 칼싹두기
동구 닭알탕
고양 미꾸라지털레기
양주 연푸국
이천 볏섬만두
화성 맛찌개

작지만 알찬 잣 넣어 고소한 맛 두 배

가평 '잣두부'

잣은 '신선의 식재료'로 불릴 만큼 영양 성분 풍부하고 고소한 맛이 뛰어나다. 높은 산으로 둘러싸인 경기 가평은 산지의 30% 이상이 잣나무로 이뤄져 가히 잣의 고장으로 칭할 만하다. 가평에선 잣을 감질나게 고명으로만 쓰지 않는다. 품질 좋은 것들을 한가득 넣어 다양한 요리로 만들고 있다. 이맘때 두부에 잣이 들어간 '잣두부'는 가을철 등산객의 입맛을 당긴다.

잣은 소나무과 식물인 잣나무에서 나는 열매다. 잣나무는 한국 고유 수종으로 영어로는 코리안 파인(Korean Pine)이다. 영하 50℃까지 견딜 수 있을 정도로 추위에 강하다. 주변 지역보다 평균 기온이 낮고 고도가 높은 가평이 잣나무 재배 최적지인 이유다.

잣은 오랜 기다림의 산물이다. 잣나무는 수령이 20년 넘어야 꼭대기에 잣송이가 맺히며, 30~50년은 돼야 본격적으로 열매를 수확할 수 있다. 잣은 2년에 걸쳐 여문다. 5월에 꽃이 피고 8월에 어린 잣송이가

경기 가평 식당 '송원'의 잣두부 한 상. 잣두부버섯전골·잣모두부·잣순두부 이외에도 보리밥과 메밀전·나물 등이 푸짐하게 나온다.

열린 후 먹을 수 있는 크기로 자라기까지 1년, 붉은 갈색 열매로 익기까지 또 1년이 걸린다. 잣송이를 수확하기는 여간 어려운 일이 아니다. 잘 익은 것은 9~11월에 사람이 직접 채취한다. 아주 뾰족하고 단단한 쇠가 박힌 신발을 신고 20~30m 높이까지 나무에 올라가 갈고리가 달린 장대로 딴다. 잣송이를 건조한 뒤 탈탈 털면 100여 알 정도의 단단한 갈색 피잣이 나온다. 이를 까면 그 안에 우리가 흔히 아는 뽀얗고 매끄러운 알맹이를 볼 수 있다. 현미처럼 껍질이 얇게 붙어 있는 '황잣'과 그 껍질마저 벗겨낸 '백잣'으로 구분된다.

고영양 견과류인 잣은 임금님 진상품으로도 올랐다. 조선 의학서 ≪동의보감≫에는 '잣을 꾸준히 먹으면 몸이 여윈 것을 치료하여 살찌고 건강하게 한다. 잣으로 죽을 쑤어 늘 먹으면 좋다'고 기록돼 있다. 실제로 잣엔 단백질 · 비타민 · 철분이 풍부하고 지방 함량이 60% 이상 차지한다. 이 지방은 올레산 · 리놀레산 같은 불포화지방산으로, 피부를 매끄럽게 하고 체력 회복을 도우며 혈액 속 콜레스테롤을 줄여 각종 성인병 예방에도 효과가 있다.

가평에서 맛볼 수 있는 잣 요리는 잣국수 · 잣칼국수 · 잣죽 · 잣묵 · 잣곰탕 · 잣막걸리 등 종류도 다양하다. 이 가운데 콩과 잣을 섞어 고소함이 두 배가 되는 잣두부는 요즘 같은 쌀쌀한 날씨에 생각나는 음식이다. 최근 인기를 끈 넷플릭스 콘텐츠 〈흑백요리사〉에선 출연자 에드워드 리 셰프가 '잣 아보카도 두부 수프'를 선보였다. 심사위원을 맡은 백종원 더본코리아 대표가 "콩과 잣은 서로 잘 어울리는 식재료"라고 평가하며 잣과 두부의 조합이 주목받았다.

잣나무가 빽빽한 축령산 자락엔 잣 공장이 많은데, 이곳에서 가져

부드러운 잣순두부.

수령 30~50년 이상 나무서 수확.
불포화지방산 풍부… 체력 증진.
콩과 어울려 부드러운 식감 조화.
모두부 속 잣 씹으면 풍미 깊어져.

잣모두부와 황잣.

온 잣으로 잣부두를 만들어 파는 식당이 눈에 띈다. 식당 '송원'은 입소문 난 잣두부 맛집이다. 8년째 이 식당을 운영하는 이성구 사장은 "잣두부를 만들 때 잣을 너무 많이 넣으면 두부 형성이 안된다"며 "잣 향이 잘 느껴질 수 있도록 잣과 콩의 적정 비율을 맞추는 게 가장 중요하다"고 설명한다.

잣두부의 재료는 콩과 잣이다. 잣을 갈아 넣기도 하고, 두부가 굳기 전 통잣을 뿌려 잣 향이 자연스럽게 스며들 수 있게 만들기도 한다. 잣두부는 잣기름 때문에 소비 기한이 3일 이내로 짧다.

잣두부 한 상이 나왔다. 잣모두부 · 잣두부버섯전골 · 잣순두부와 함께 각종 나물과 보리밥 · 강된장이 차려진다. 네모반듯한 모두부에 잣이 통째로 콕콕 박혀 있다. 잣모두부를 간장에 콕 찍어 베어 문다. 콩만 들어간 두부보다 부드러운 식감이다. 처음엔 구수한 콩 맛만 나더니 이내 특유의 잣 향이 은은하게 올라온다. 중간마다 통잣이 씹히며 그 향과 고소함이 더욱 강해진다. 후루룩 넘어가 속이 편안한 잣순두부, 얼큰한 국물이 부드럽게 마무리되는 잣두부버섯전골도 맛본다. 씹으면 씹을수록 잣 향이 깊게 느껴지는 게 잣두부의 매력이다.

툭툭 끊기는 구수한 메밀면
강화 '칼싹두기'

소설가 박완서는 자신의 수필집 〈호미〉에서 울고 싶도록 청승 떨고 싶은 비 오는 날에 핑계를 대서라도 '이것'을 먹고 싶다고 했다. 이 소박한 맛에는 외로움 타는 식구들을 하나로 아우르고 위로하는 신기한 힘이 있다고도 했다. 작가가 사랑한 음식은 '칼싹두기'다.

칼싹두기는 반죽을 칼로 싹둑싹둑 썰어 면발을 뽑는다고 해서 이름 붙었다. 반죽은 대개 메밀로 한다. 메밀은 척박한 땅에서도 잘 자라고 재배 기간도 짧은 편이라 예부터 우리 민족의 구황작물로 널리 사랑받았다. 궁핍하던 시절 쌀 부족한 집은 전국 어디에나 있었으니, 우리네 주린 배를 채워주던 메밀도 방방곡곡에서 재배돼왔다. 찰기가 없고 성질이 찬 메밀은 밥으로 짓기보단 가루를 내 면으로 요리해 먹었다. 지역마다 메밀로 만든 면 요리가 발달한 이유다. 메밀칼싹두기는 인천 강화에서 즐겨 먹던 향토 음식이다. 박완서는 강화도에서 뱃길로 2㎞여 떨어진, 지금은 북녘땅이 된 옛 경기도 개풍군 출신이다.

인천 강화도 길상면에서 42년째 성업중인 '대선정'에서 판매하는 메밀칼싹두기.

조리법은 칼국수와 같다. 다만 메밀의 특성 탓에 면 모양이 크게 다르다. 찰기가 없는 반죽은 홍두깨로 얇게 밀기가 어렵고 칼로 썰기도 여간 불편한 게 아니다. 면을 잘 뽑았다 하더라도 끓는 물에 삶는 사이 툭툭 끊어지기 십상이다. 그래서 반죽을 도톰하게 민다. 돌돌 말지 않고 펼친 상태로 굵직하게 칼질을 한다. 자연히 면발 길이와 두께가 들쭉날쭉하게 된다. 매끈하고 긴 면발을 자랑하는 칼국수와는 달리 부를 수밖에 없는 생김새다.

길상면에 자리한 식당 '대선정'은 얼마 남지 않은 메밀칼싹두기 식당이다. 1981년 문을 열고 42년째 성업 중이다. 지금은 1대 사장인 아버지 뒤를 이어 홍기성 사장(59)이 주방을 지킨다. 세월이 흐르면서 가게 위치도, 메뉴도 조금씩 달라졌지만 지역민의 솔푸드인 이 음식만큼은 한 번도 메뉴판에서 빠진 적이 없다.

역시 매력은 국물이다. 바지락만으로 담백하고 깔끔한 맛을 냈다. 첫입엔 삼삼하다가 연이어 먹다보면 해물의 시원하면서도 짭조름한 맛이 치고 나온다. 면발 덕분인지 메밀차처럼 구수하기도 하다. 건더기로 넣은 배춧잎의 달큰함도 혀끝에 맴돈다. 자극적인 음식에 익숙하다면 맹맹하다고 여길 만하지만, 이내 자신도 모르게 계속 숟가락질을 할 만큼 입맛을 당기게 하는 맛이다.

순무김치

또 다른 재미는 면발이 준다. 우선 긴 국숫발을 한번에 후루룩 먹겠다는 생각은 버리는 편이 좋다. 메밀과 밀가루를 5대5로 섞어 반죽한 면은 젓가락으로 다소 세게

반죽 칼로 싹둑 썰어 붙은 이름, 면발 길이·두께 모두 달라 재미.
바지락 국물 깔끔하고 짭조름, 달큰한 배춧잎으로 '단짠' 조화.
알싸한 순무깍두기 '금상첨화', 소설가 박완서가 사랑했던 음식.

팔팔 끓는 육수에 배춧잎과
버섯을 넣어 달큰함을 더한다.

집어도 쉬이 끊어진다. 반쯤 먹었을 즘엔 차라리 숟가락으로 퍼먹는 것이 편해질 지경이 되는데, 의외로 흥미로운 경험이다.

홍 사장은 "강화 사람은 메밀칼싹두기를 거의 주문하지 않고 외지에서 온 관광객들이나 찾는다"면서 "다들 첫입을 먹고는 갸우뚱하는데 분명 내일이 되면 다시 생각날 것"이라고 말했다.

흔히 칼국수는 김치 맛이라고 한다. 메밀칼싹두기도 비슷하다. 단, 배추김치 말고 순무깍두기를 곁들여야 한다. 심심한 국물맛엔 개성 강한 순무가 잘 어울린다. 순무는 강화도 대표 특산물이다. 일반 무와 달리 길이가 짧고 둥글다. 겨자과에 속하는 식물로 겨자 특유의 알싸하고 매운맛이 난다. 순무깍두기는 지역 어느 식당에 가도 빠지지 않고 나오는 반찬이다.

강화에 왔다면 도토리묵 요리도 맛보자. 마니산을 비롯해 이곳 산에 상수리나무가 많아 덩달아 묵 요리 맛집이 많다. 묵밥 · 묵무침도 좋지만 특색 있는 묵을 맛보고 싶다면 묵전을 추천한다. 묵가루와 밀가루를 섞어 얇게 부친 전이다. 기름에 지졌지만 느끼하지 않고 고소하다. 전에는 역시 막걸리가 찰떡궁합. 강화산 인삼을 첨가해 은은한 향과 맛이 나는 인삼막걸리도 놓치지 말아야 할 별미다.

쫄깃하고 고소한 맛의 신세계
동구 '닭알탕'

인천은 한국 근대화 문을 활짝 연 개항 도시이자 제조업의 중심지다. 1980년대 항구 주변에 있는 공장 기계는 지칠 줄 모르며 돌아갔고, 인천 앞바다를 드나드는 선박의 불빛은 어두운 밤을 환하게 비췄다.

제철공장 대부분이 몰려 있는 인천 동구엔 공장에서 일하던 노동자들의 저녁을 책임지던 음식이 있다. 바로 현대시장 건너편 줄 이은 노포에서 파는 '닭알탕'이다. 노랗고 동글동글한 닭 알이 들어가는 닭알탕은 이곳 사람들의 추억이자 근대의 흔적이다.

닭알탕에 들어가는 닭 알은 달걀과 다르다. 달걀은 암탉이 산란한 알로 단단한 껍데기에 싸여 있다. 닭 알은 산란 전 암탉 배 속에 있는 알을 말하는데, 노른자만 있는 모습이다. 닭알탕엔 알집도 들어간다. 알집은 흰자와 껍데기가 만들어지는 난관이다. 이는 속이 꽉 찬 소 곱창 모양으로 꼬들꼬들한 식감을 느낄 수 있는 특수 부위다. 일반인에게 닭 알은 생소한 식재료다. 닭 알로 탕을 끓이게 된 건 닭 한 마리도

푸짐한 닭알탕. 향긋한 깻잎과
고소한 닭 알 맛이 조화롭다.

귀했던 그 시절로 거슬러 올라간다. 40여 년 전 현대시장 근처 닭집에선 닭 알과 알집을 따로 모아 팔았다. 당연히 살코기보단 잘 팔리지 않았고, 주변 주점이나 식당에선 비교적 저렴하게 살 수 있는 닭 알과 알집으로 얼큰한 탕을 끓여 팔기 시작했다. 이렇게 만들어진 닭알탕은 주머니 사정이 넉넉지 못한 서민들에게 부담 없이 든든하게 배를 채울 수 있는 별미였다.

달걀은 대표적인 완전식품이다. 우리 몸에 중요한 비타민과 미네랄, 양질의 단백질까지 풍부하다. 닭 알엔 흰자와 노른자가 구분 없이 모두 들어 있으니 여름 보양식으로도 손색없을 듯하다.

현대시장 건너편 골목은 한때 닭알탕 골목으로 이름을 날렸다. 시간이 흘러 지금은 식당 3곳 정도에서만 닭알탕을 맛볼 수 있다. '현대원조닭알탕' 식당은 닭알탕이 탄생한 초창기부터 40년 넘게 자리를 지켰다. 식당 밖 50m 거리에서부터 칼칼한 매운 냄새가 침샘을 자극한다. 식당 미닫이문을 여니 나이 지긋한 어르신들이 닭알탕을 시켜 식사하고 있었다. 식당 벽에 달린 선풍기가 좌우로 돌아가는 정겨운 노포의 풍경도 눈에 들어온다.

식당 사장 양근주 씨(72)는 닭알탕이 고된 하루를 보낸 사람들이 찾는 음식이라고 설명한다. "저녁 어스름이 내리면 주변 제철공장에서 일하던 노동자들이 하나둘 찾아왔죠. 헛헛한 배도 채우고 소주 한잔도 곁들이면서 하루를 털어내기에 이만한 음식이 없어요."

닭알탕 냄새를 맡으니 만드는 방법도 궁금해진다. 닭 알은 실온에 두면 금방 터져버리니 냉동 보관으로 탱글탱글한 식감과 모양을 살린다. 넓은 냄비에 해동한 닭 알과 다양한 식감을 더해줄 알집을 넣고

암탉 배 속서 달걀되기 전 노른자 '알', 현대시장서 40년 역사 지닌 향토 음식. 제철공장 노동자들 허기 달래던 별미, 곱창 모양의 특수 부위 알집도 들어가. 깻잎·들깻가루로 잡내 잡고 풍미 살려, 얼큰한 국물 맛이 무한 매력.

뜨거운 물을 붓는다. 이렇게 하면 잡내도 날리고 쫄깃한 식감도 살릴 수 있다. 고추장이 들어간 빨간 양념과 감자·파·미나리 등 갖가지 채소를 넣는다. 마지막으로 풍미를 살릴 깻잎과 들깻가루를 아낌없이 듬뿍 얹으면 완성이다.

소박한 반찬과 함께 닭알탕이 상에 올랐다. 닭알탕은 테이블에 있는 가스버너에서 보글보글 끓이며 먹어야 제맛이다.

주황빛을 띠던 닭 알이 푹 익어 연노란색으로 변하면 먹어도 된다는 신호다. 닭알탕을 한 국자 듬뿍 뜨니 구슬 같은 닭 알 서너 개와 뽀얀 알집이 함께 올라온다. 닭 알을 숟가락으로 가르니 영락없는 달걀노른자 모양이다.

고추냉이를 푼 간장에 닭 알과 알집을 콕 찍어 먹어본다. 처음 느껴보는 맛과 식감의 연속이다. 닭 알은 달걀흰자 식감에 진한 노른자 맛이 나며 알집도 쫄깃하고 고소하다. 국물은 얼큰하고 텁텁함 없이 깔끔하다. 깻잎과 들깨가 어우러져 닭 누린내를 가린다. 빨간 국물엔 면사리를 빼놓을 수 없다. 면 사리 가운데서도 쫄면 사리가 가장 인기란다. 옆 테이블에서 닭알탕을 먹던 어르신들도 "여기 쫄면 사리 하나 줘요"라고 외친다. 양씨는 "오늘 점심 때 쫄면이 다 떨어졌는데, 대신 라면 사리도 맛있으니 먹어보라"고 대답한다. 면 대신 참기름을 둘러 밥을 볶아 먹는 것으로 마무리해도 좋다.

옛 인천 사람들의 추억이 담긴 닭알탕을 오늘날 젊은 세대는 평소에 맛보지 못한 이색 별미로 즐긴다. 서로 가진 기억은 달라도 음식이 간직한 이야기와 맛은 변함이 없다.

고추장 푼 국물에 참게·새우 넣어 시원 칼칼

고양 '미꾸라지털레기'

무더위는 바람에 씻겨 나가고 저녁밥을 먹기도 전에 어스름이 먼저 찾아오는 가을. 이 계절에 가장 먼저 떠오르는 음식은 한자어로 '추(鰍)'라고 하는 미꾸라지다. 물고기 어(魚) 자와 가을 추(秋) 자를 모두 갖고 있을뿐더러 실제로 8~11월에 먹기 좋게 살이 올라 가을 보양식으로 통한다. 이 시기에 통통한 미꾸라지를 잡아 푸짐하게 끓여낸 경기 고양의 향토 음식이 있으니 바로 '미꾸라지털레기'다.

미꾸라지는 잉어목 민물고기로 몸통은 약 10~15㎝로 길고 가늘며 등은 갈색, 배는 황색을 띤다. 입가에 5쌍의 수염이 있고 몸에 작은 흑점이 흐릿하게 보인다. 우리나라 서부 · 남부 지역 하천을 중심으로 전국에 서식하는데 주로 연못 · 논두렁 · 도랑 등 진흙이 깔린, 수심이 얕은 물에 많다. 미꾸라지는 작은 몸집에 비해 영양이 매우 풍부하다. 예부터 질 좋은 단백질 공급원으로 여겨졌으며 조선 시대 한의서 《동의보감》엔 '성질이 덥고 맛이 달며 무독해 몸을 보하고 설사를

그치게 한다'는 기록이 있다. 이 외에도 한의학에선 미꾸라지로 끓인 탕이 숙취를 해소하고 속쓰림을 줄이며 식욕 부진, 빈혈, 부종을 예방하는 데 효과가 있다고 한다. 가을철 미꾸라지가 가장 맛이 좋은 이유는 겨울잠에 들기 전 영양분과 살을 가장 많이 비축하기 때문이다.

털레기는 고양 · 파주 · 김포 등 경기 북부 지역에서 먹던 서민음식이다. 경기 지역에서 나고 자란 토박이는 어릴 적 털레기를 해 먹던 기억이 있다. 비 오는 날이면 집 앞마당에 펄떡이던 미꾸라지 모습과 냇가에 솥을 가져다 놓고 여럿이서 미꾸라지를 잡아 그 자리에서 바로 털레기를 끓여 먹던 추억이다.

'털레기'란 이름은 고추장을 푼 민물고기 매운탕에 온갖 재료를 탈탈 털어 넣는다는 의미에서 붙여졌다. 먹을 게 넉넉하지 않던 시절 흔한 미꾸라지에 채소와 밀가루로 양을 늘려 끓이면 이만한 요깃거리도 없었단다. 지금도 그 맛을 그리워하는 이들은 미꾸라지털레기를 만드는 식당을 찾는다. 고양종합운동장 근처에 있는 식당 '임진강털레기매운탕'에선 미꾸라지와 함께 제철을 맞은 참게와 민물새우까지 넣어 끓여 낸 털레기를 맛볼 수 있다.

"통으로 넣을까요? 아니면, 갈아 드려요?"

미꾸라지털레기를 주문하자 되돌아온 질문이다. 식당 사장 이계숙 씨(61)는 "원래 털레기는 미꾸라지를 통째로 넣는다"며 "뼈가 연해서 먹는 데 불편함은 없다"고 덧붙였다.

미꾸라지털레기는 큼지막하게 손질한 채소와 쫀득한 수제비가 아낌없이 들어간다. 미꾸라지를 먼저 끓인 후 진한 국물이 우러나면 깻잎 · 감자 · 호박 · 고추 · 파 등 채소와 민물새우를 넣는다. 양념은 고

미꾸라지는 일 년 내내 잡히지만 가을에 영양과 맛이 가장 풍부하다.

경기 북부 지역서 먹던 서민 음식,
국수·수제비 넣어 먹으면 속 '든든'.
영양 풍부… 건강식으로 손색없어.
미꾸라지, 빈혈·부종 등 예방 효과.

경기 고양의 미꾸라지털레기. 미꾸라지에 제철 민물새우와 참게를 넣고 시원 칼칼하게 끓인 국물이 일품이다. 각종 채소에 수제비까지 들어가 성인 여럿이서도 배불리 먹기 충분하다.

추장만 쓴다. 매운맛을 낼 땐 고춧가루를 더한다. 국물이 팔팔 끓으면 직접 손 반죽한 수제비를 일일이 먹기 좋게 떼어 낸다. 이 식당에선 마무리로 미꾸라지 특유의 흙냄새를 가려줄 미나리를 한 움큼 올린다.

곧 깊은 냄비에 털레기가 인심 좋게 한가득 나왔다. 국자로 채소와 수제비를 떠서 담는데 미꾸라지 서너 마리가 함께 딸려 온다. 살이 전혀 흐트러지지 않고 살아 있는 미꾸라지 모양 그대로다. 미꾸라지는 고추냉이 간장에 찍어 먹는다. 연하고 고소한 맛이 느껴지는데 채소와 곁들여 먹으면 단맛이 더욱 풍부해진다. 직접 손으로 반죽해 쫀득쫀득하고 부드러운 수제비는 후루룩 잘 넘어간다. 아쉽다면 소면을 넣고 어죽처럼 끓여 든든하게 배를 채우자. 국물은 자극적이지 않고 심심해 자꾸만 손이 간다. 김장철에 절여 놓은 무에 물을 부어 반찬으로 낸 무짠지를 중간에 먹으면 입안이 깔끔해진다.

가을이 지나기 전 미꾸라지털레기를 맛보자. 뼈째 들어간 미꾸라지와 고추장, 각종 채소가 아낌없이 들어가 보양식으로도 손색이 없다. 농촌에서 유년 시절을 보낸 이들에게 추억은 덤이다.

좁쌀로 만든 건강 죽

양주 '연푸국'

오곡 가운데 하나인 조는 낟알이 들깨만 하다. 하도 작아서 종종 하찮은 사람이나 물건을 비유할 때 조의 열매인 좁쌀을 들기도 한다. 좀스러운 사람에겐 '좁쌀영감'이란 별명이 붙고 가망이 없는 일을 두고는 '좁쌀에 뒤웅 판다'는 속담을 쓴다. 그렇다고 마냥 보잘것없는 취급을 받는 것은 아니다. 그래도 좁'쌀'이지 않은가. 곤궁한 형편에는 흰쌀만큼이나 귀한 존재다. 조는 메마른 땅에서도 잘 자라는 데다 영양도 풍부해 쌀을 대신하는 곡물로 손색이 없다. 척박한 고장으로 꼽히는 곳마다 조로 만든 음식이 전해지는 이유다.

경기 양주시 남면 맹골마을에 내려오는 연푸국도 그런 음식이다. 농사로 먹고살던 옛 시절엔 이웃끼리 서로 도와 일하고 끝난 후엔 음식을 나누는 것이 일상이었다. 이때 여럿이 함께 먹으려고 없는 살림에 궁리한 것이 연푸국이다.

이름은 국이지만 생김새는 영락없는 죽이다. 다시마와 북어로 뽑은

육수에 쌀 대신 노르께한 좁쌀을 갈아 넣고 한소끔 끓인다. 그러면 걸쭉하고 고운 죽이 되는데 한 그릇만 먹어도 금세 속이 든든하고 따듯하다.

여기에 잘게 썬 두부를 넣어 씹는 맛을 더하면서 부족하기 쉬운 영양소를 채웠다. 남면은 콩 산지로 유명한 파주와 인접한 동네로, 역시 콩이 많이 났다. 재배한 콩으로 집집이 두부를 만들었고 이는 곧 우수한 단백질원이 됐다.

연푸국은 단번에 반하는 음식은 아니다. 첫맛은 '무미(無味)'에 가깝다. 순하고 연하다. 갸우뚱하며 한입 두입 먹다 보면 은근히 구수하고 담백한 곡물 맛이 느껴지는데 꽤 중독적이다. 반쯤 비웠을 땐 육수에 담긴 해산물의 감칠맛도 진하게 올라온다. '맛볼수록 매력'에 빠져드는 '볼매(볼수록 매력)' 같은 한 그릇이다.

연푸국을 먹고 싶다면 맹골마을에 자리 잡은 농가 맛집 '매화당'을 찾으면 된다.

귀촌해 7년째 식당을 운영하는 조정희 씨(68)가 마을 어르신에게 전수받은 솜씨로 연푸국을 차려낸다. "옛날에는 농사도 같이 짓고 마을 청소니 뭐니 하면서 동네 사람들이 다 같이 모여서 일하고 했대요. 특히 추운 겨울 일을 마치고 큰 가마솥에 연푸국을 끓여 나눠 먹었다고 해요. 수다도 떨면서 뜨끈한 국물을 들이켰으니 얼마나 속이 풀렸겠어요."

조 씨가 만드는 연푸국은 원조와는 조금 다르다. 풍족한 때이니만큼 재료가 다채로워졌다. 핵심인 좁쌀은 그대로 유지하되 육수를 신경써서 낸다. 육수에 쇠고기·밴댕이·멸치·양파·무를 추가해 깊은 맛을 내고 완성한 국에 달걀지단과 잘게 찢은 쇠고기·북어포를 고명으

옛시절 이웃과 함께 먹던 음식, 첫맛은 '심심' 끝맛은 '감칠'.
다시마와 북어로 육수 만들고, 잘게 썬 두부까지 넣어 든든.
현재는 좁쌀과 여러 재료 활용, 향토 음식이 '일품요리'로 변신.

고명을 얹어 일품요리로 거듭난 경기 양주 매화당의 '연푸국'.

농가맛집
매화당
Meahwadang
Farm Restaurant

로 올린다. 멀겋기만 했던 죽이 지금은 손님상에 내놓을 만한 일품요리가 된 것이다.

연푸국이 과거 옹색한 형편에 겨우 차려 내오던 음식에서 오늘날 귀한 음식이 된 데는 쌀과 좁쌀의 뒤바뀐 운명 탓도 있다.

지금은 쌀이 넘치는 시대다. 오히려 좁쌀이 별미 잡곡 대접을 받는다. 게다가 그리운 추억의 맛까지 서려 있으니 일부러 찾아 먹어야 할 향토 음식이 됐다.

복 부르는 담백한 음식
이천 '볏섬만두'

새로운 한 해를 힘차게 시작하는 연초에는 '무엇을 먹느냐'도 중요하다. 경기 이천에서는 이맘때 다른 지역에서 찾아보기 어려운 이색 향토 음식을 챙겨 먹는다. 바로 볏섬만두다.

볏섬만두는 곡식을 가득 채운 쌀가마니와 꼭 닮았다. 건강을 챙길 수 있는 것은 물론 복을 불러온다는 의미까지 있는 새해 맞춤 요리다.

임금님께 쌀을 진상하던 이천답게 만두도 이렇게 가마니를 본떠 만들었다. 볏섬만두는 사각형 모양에 십자(十) 모양의 이음새가 도드라진다. 쌀가마니가 쌓여 있다는 것은 배곯을 일이 없다는 뜻. 주민들이 오순도순 모여 쌀가마니같이 생긴 만두를 한 땀 한 땀 빚으며 한 해의 풍년을 기원하던 추억이 깃든 요리다. 만두피 반죽에는 당근·부추·흑미·치자를 넣어 오복을 상징하는 오색을 냈다.

'돌댕이석촌골농가맛집'은 볏섬만두를 맛보려고 전국 각지에서 찾아온 관광객들로 늘 북적거린다. 10년 동안 같은 자리에서 이 식당을 운영

경기 이천에서는 새해에 복을 기원하며 쌀가마니를 닮은 볏섬만두를 빚어 먹는다. 만두소에 게걸무 무청, 고사리 등 나물이 들어 있어 구수하고 담백한 맛이 특징이다.

하는 이태연 대표는 "눈길을 끄는 모양 덕분인지 방송에 여러 번 나와 찾는 이들이 많아졌다"며 "자랑스러운 이천 요리인데 판매하는 식당이 별로 없어 영영 사라질까 걱정돼 직접 만들기 시작했다"고 설명했다.

볏섬만두는 2인분 이상, 전골로만 주문할 수 있다. 큰 냄비 가득 만두 7~8개가 푸짐하게 나온다. 한우 양지머리로 맛을 낸 국물에는 느타리버섯·표고버섯 등이 가득 들어 있다. 먼저 국물을 떠먹어보니 건강식답게 담백하고 깔끔한 맛이 일품이다. 만두를 조심스레 가르면 소도 여느 만두와 확연히 다르다. 두부 · 고기 사이에 게걸무 무청과 숙주·고사리 등 나물이 잔뜩 들어 있다.

이 대표는 "묵은 나물이 들어가 일반적인 고기·김치 만두와 맛이 다르다"며 "무청이 거칠고 투박한 맛을 내 처음에는 생소할 수 있지만 그 구수하고 매력적인 맛을 못 잊는 손님이 꽤 많다"고 덧붙였다.

게걸무는 이천의 또 다른 특산물이다. 이천에서만 나는 토종 무로 목화밭이나 콩밭 사이에서 재배된다. 육질이 다른 무보다 단단해 쉽게 무르지 않는 것이 특징이고 맛도 유난히 매워 마니아층이 탄탄하다. 철분·칼슘이 풍부해 건강식 재료로 더할 나위 없다. 특히 식당에서는 게걸무로 직접 담근 김치가 나오는데 이것 때문에 발길을 못 끊는 단골이 한둘이 아니다.

맵고 자극적인 요리에 길들여져 있는 요즘 사람들에게 볏섬만두는 익숙하지 않을 수 있다. 첫술을 뜨고 고개를 갸웃거릴지도 모른다. 하지만 육수와 만두소가 어우러져 음미할수록 깊은 맛을 내니 질릴 틈도 없이 연신 숟가락질하게 된다. 볏섬만두로 속을 채워 든든하고 옹골차게 새해를 시작해보는 것은 어떨까.

쌀가마니 꼭 닮은 모양새, 만두피는 오복 상징 오색.
무청·고사리 등 넣고 빚어, 양지 육수 만들어 전골로.
구수하고 깔끔한 맛 일품, 게걸무 김치와 먹으면 딱.

쫄깃한 식감에 칼칼한 맛
화성 '맛찌개'

경기 화성에 바다 향 가득한 재래시장이 있다. 바닷물이 드나들어 하얀 모래가 강처럼 쌓였다고 해서 이름 붙여진 '사강시장'은 조선 시대부터 서해를 중심으로 수산물 도소매업이 발달한 곳이다. 1980년대 후반 대규모 간척사업으로 바다가 막히면서 어획량은 줄었지만, 여전히 정취를 느끼러 찾아오는 사람들로 붐빈다. 이들이 사강시장에 들르면 꼭 먹고 가는 향토 음식이 있는데, 바로 맛조개를 듬뿍 넣어 끓여낸 '맛찌개'다.

맛조개는 백합목 죽합과 조개로 깨끗한 개펄에 산다. 국내에서 볼 수 있는 맛조개는 7종으로 '참맛' '가리맛' '홍맛' '왜맛' '비단가리맛' '대맛' '북방맛' 등이 있다.

가장 많이 알려진 건 대맛조개지만 맛찌개에 들어가는 건 쫄깃하게 씹는 맛이 좋은 가리맛조개다. 이는 대나무 모양의 대맛조개보다 길이는 짧지만, 너비가 2배 이상 넓고 통통한 게 특징이다. 가리맛조

고추장을 푼 국물에 갖가지 채소와 맛조개를 듬뿍 넣어 끓인 맛찌개. 조개에서 우러난 육수에 민물새우까지 들어가 시원한 국물맛이 일품이다.

개는 잡는 방법도 특이하다. 개펄 구멍에 맛소금을 넣으면 튀어나오는 대맛조개와 달리 가리맛조개는 60㎝ 정도 깊이에 있어 성인 무릎만큼 펄을 파내야 잡을 수 있다. 가리맛조개는 3월 중순부터 가을까지 나오는데, 추석이 지나면 순식간에 살이 빠져 맛이 없다. 살이 가득 올라 가장 먹기 좋은 때는 5~7월이다.

사강시장을 통과하는 도로 양옆으로 횟집과 해산물 좌판이 줄지어 있다. 식당마다 걸려 있는 맛찌개 현수막과 식당 앞에 수북이 쌓인 맛조개가 눈에 띈다. 40년 전 화성 앞바다에선 개펄에 사는 조개 · 꽃게 등 해산물을 구하기 쉬워 1만 원이면 맛조개를 5㎏이나 살 수 있을 정도였다고 한다. 하지만 화성방조제가 생긴 뒤 개펄이 사라져 맛조개를 구경하기 어려워졌고, 지금은 대부분 전라도에서 받아온다. 개펄 생태는 변했지만 오래된 손맛은 사라지지 않았다.

사강시장에서 30년 넘게 자리를 지켜온 '희망회센터'엔 맛찌개를 포장하러 온 손님의 발길이 끊임없이 이어진다. 센터를 운영하는 양애자 사장(58)은 오래된 단골손님만 알고 먹던 음식이 맛찌개라고 설명한다.

"옛날에 어머니가 바닷가에서 많이 나오던 맛조개를 잡아다가 넣고 고추장을 풀어 끓여주신 게 맛찌개예요. '맛조개 고추장찌개'나 '맛조개 짜글이'라고도 부르죠. 처음엔 10년, 20년 넘은 단골손님에게 포장해서 팔던 게 조금씩 알려져서 지금은 전국 각지에서 찾아와요. 맛찌개를 처음 먹어본 사람은 기절할 맛이라고 하더라고요. 하하."

매일 아침 맛조개를 10㎏씩 손질하는데, 조개껍데기를 벗기는 데만 30분, 먹기 좋게 다듬는 데는 2시간이 넘게 걸린단다. 단단한 껍데기를 깐 다음 조갯살 양옆에 까맣게 붙은 이물질을 제거하고 주둥이에

흰쌀밥에 맛찌개 국물이 잘 밴 맛조개를 함께 먹는 걸 추천한다.

씹는 맛 좋은 가리맛조개 사용, 통통하게 살 오른 5~7월이 제철.
기본양념 풀고 채소 넣어 한소끔, 민물새우 넣으면 깊은 맛 일품.
밥·면사리 곁들여 먹어도 좋아, 입안에 바다 향 내음 가득.

맛찌개에 들어가는 가리맛조개가 제
철을 맞아 살이 통통하게 올랐다.

해감이 덜된 부분을 일일이 손으로 다 짜주면서 깨끗이 손질하는 게 중요하다. 맛조개 손질은 오래 걸리지만 맛찌개를 끓이는 건 금방이다. 냄비에 고추장·된장·고춧가루 등 기본양념을 풀고 호박 · 감자 · 버섯 등 채소를 넣은 뒤 센 불에 끓인다. 국물이 끓어오르면 손질한 맛조갯살을 가득 얹어 손님상에 올린다. 맛찌개엔 육수가 따로 없다. 맛조개에서 자연스럽게 조개 육수가 우러나오기 때문이다. 그래도 식당마다 맛을 더 좋게 하는 비법은 있기 마련이다. 양 사장은 민물새우를 한 움큼 넣어 깊은 맛을 낸다고 한다.

찌개는 끓이면서 먹어야 제맛. 맛찌개를 식탁에 올려 다시 한 번 보글보글 끓인다. 양념이 맛조개에 스며들기를 기다리며 양 사장에게 맛찌개를 맛있게 먹는 방법을 물어보니 "맛(조개)으로 만드니까 맛있게 먹으면 되죠"라며 호탕하게 웃는다.

그의 말이 끝나기 무섭게 국물과 함께 맛조개를 한술 떠본다. 달짝지근한 떡볶이 냄새가 났지만 매운탕처럼 맛은 칼칼해 목젖을 친다. 시원한 국물은 먼저 한술 떠먹고 하얗고 통통한 맛조갯살을 두 점씩 집어 먹으면 담백한 맛에 쫄깃한 식감이 넉넉하게 느껴진다. 씹자마자 올라오는 단맛도 맛조개의 매력이다. 부드러운 식감을 느끼고 싶다면 맛조개가 많이 익기 전 앞접시에 덜어 놓는 게 좋다. 맛찌개는 공깃밥과 함께 한 그릇, 칼국수 면 사리를 넣어 또 한 그릇 즐겨야 한다. 공깃밥에 국물을 자작하게 말아 후루룩 먹고, 맛찌개를 반쯤 먹다 칼국수 면 사리를 넣어 맛보자.

나들이 가기 좋은 화창한 날씨가 이어지는 요즘, 사강시장의 별미인 맛찌개를 핑계 삼아 화성 앞바다로 떠나보는 건 어떨까.

2장

강원도

담백한 장맛에 깔끔한 뒷맛

강릉 '꾹저구탕'

"냇가에서 놀며 꾹저구를 많이도 잡았죠. 친구들과 여럿이서 작살로 한두 마리 잡다보면 금세 한 양동이 가득 차요. 어머니한테 가져가면 가마솥에서 3~4시간 푹 끓여줬는데 그 맛을 지금까지 잊을 수 없어요. 추어탕보다 맛이 담백하고 깔끔해 호불호가 없지요."

꾹저구탕은 '꾹저구'라는 민물고기를 얼큰하게 끓여낸 탕이다. 지역마다 뚜거리·뚜구리·뿌구리라고도 부르는 이 민물고기는 농어목 망둑엇과로 강물과 바닷물이 섞이는 기수역에 많이 서식한다. 다 자란 성체도 6~14㎝에 불과한 아담한 크기. 20년 전만 해도 강원 강릉 남대천·연곡천, 삼척 오십천·마읍천 등 영동 지역 하천에서 흔하게 볼 수 있었는데 1급 청정 하천에서만 서식하는 특성 때문에 하천 오염이 심해진 대부분의 지역에선 요즘 자취를 감춰 찾기 어려워졌다.

강릉에는 '그 집 장맛과 주부의 요리 솜씨를 알아보려거든 꾹저구탕을 맛보면 된다'는 말이 있다. 그만큼 이 지역에서는 집집마다 일상적인

강원 강릉시 연곡면 방내리 식당 '연곡꾹저구탕'에서는 구수한 꾹저구탕 한 냄비와 포슬포슬한 감자밥, 메밀전으로 향토 음식 한상차림을 내놓는다.

저녁 메뉴로 자주 만들어 먹던 음식이다. 또 들어가는 재료가 단순해 집 된장이 전체 맛을 좌지우지한다. 야무진 요리 솜씨만 있다면 만드는 법은 크게 어렵지 않다. 먼저 꾹저구를 손질해야 한다. 생선을 소쿠리에 담고 소금을 뿌려 뚜껑을 덮어뒀다가 잠시 시간이 지난 뒤 양손으로 주물러 진을 뺀다. 거의 버리는 것 없이 내장만 제거하고 바로 끓는 물에 넣는다. 어슷하게 썬 풋고추와 곱게 다진 파·마늘·생강을 넣고 고추장까지 더해 맛을 내면 끝이다. 생선 가시가 억세지 않아 국자로 푹푹 눌러주면 형체 없이 으스러진다. 이렇게 해야 국물맛이 진해지고 구수해진다.

강원 강릉시 연곡면 방내리에 있는 식당 '연곡꾹저구탕'은 35년 역사를 지닌 곳이다. 점심시간만 되면 식당 입구 앞에 구름떼처럼 전국 각지에서 모여든 손님이 진을 친다. 식당은 번잡한 시내가 아닌 진고개로 길가에 자리잡아 마치 시골 할머니 집의 정겨운 밥상을 받는 느낌도 든다. 배순녀 대표(62)와 아들 이성호 씨(33)가 공동으로 운영한다. 이씨는 "고추·콩 등 직접 재배한 신선한 재료만 쓰고 메주도 어머니가 손수 띄워 깊은 맛이 남다르다"며 "다른 집보다 양념에 메줏가루를 많이 넣어 칼칼한 맛보다는 구수한 맛을 살렸다"고 설명했다. 그는 "어머니가 연곡천 강변에서 뚝배기 5개 놓고 장사할 때부터 지금까지 찾아오는 단골 어르신이 있을 정도"라며 "한번 먹어보면 발길을 끊을 수 없는 맛"이라고 우쭐해 했다.

큰 냄비에 꾹저구탕이 한가득 담겨 나온다. 가스불을 켜 팔팔 끓이다가 수제비가 다 익으면 한두 국자씩 각자 뚝배기에 나눠 담는다. 개인 취향에 맞게 다진 마늘·고추를 넣어 먹거나 산초가루를 뿌려 먹어도 좋다. 민물고기답지 않게 흙 비린내가 거의 나지 않고 국물맛이 깔끔

물에 사는 '꾹저구' 얼큰하게 끓여 집집이 먹던 저녁 메뉴.
가시 억세지 않아 국자로 으스러뜨리면 국물 진해져 구수.
취향 따라 산초가루 뿌리기도…젊은 층 사이에도 인기 만점.

하다. 이곳 별미는 숭덩숭덩 큼지막하게 자른 감자가 들어 있는 감자밥이다. 포슬포슬 김이 나는 감자를 먼저 골라 먹고, 이어 밥을 조금씩 국물에 말아 먹는다. 옆 테이블 손님이 "한 번에 많이 말면 맛이 없고, 한 숟가락씩 말아 먹어야 진정한 맛을 느낄 수 있다"고 훈수를 둔다.

십수 년 전만 해도 식당을 찾는 손님 90% 이상이 남성이었다. 익숙하지 않은 이름에 먹어본 사람만 찾는 음식이지, 선뜻 도전하기 쉬운 요리가 아니었기 때문. 하지만 강릉 향토 음식으로 몇 차례 소개된 이후 젊은 손님들이 늘어나더니 이젠 주말이면 대기표를 뽑고 기다려야 맛볼 수 있게 됐다. 강릉 여행을 계획 중이라면 꾹저구탕 한 그릇 맛보는 건 어떨까.

새콤달콤 밥도둑이 여기 있었네!
강릉 '명태식해'

식해와 식혜. 글자는 한 끗 차이지만 전혀 다른 음식이다. 식혜는 쌀알이 동동 뜬 달콤한 음료고, 식해는 젓갈이다. 강원 강릉에선 없어선 안 되는 밥반찬, 명태식해를 찾아가봤다.

식해는 밥을 넣은 젓갈이다. 이름부터 밥 '식' 자와 생선으로 담근 젓갈 '해' 자를 쓴다. 갓 잡은 생선에 소금과 밥을 넣어 삭힌 다음 고춧가루·파·마늘 등으로 양념한 음식이다. 밥은 쌀밥·찰밥·차조밥 등 집집마다 내려오는 방식대로 넣는다. 쌀 전분이 분해되면서 생긴 유산이 소금과 함께 부패를 막는 역할을 해 '저염장 발효식품'이라고도 한다.

밥을 넣은 젓갈이라니 맛이 도저히 상상이 안 간다. 강릉시 성남동 '중앙시장'에는 식해를 종류별로 파는 집들이 줄줄이 늘어서 있다. 명태식해를 비롯해 가자미식해, 명태아가미식해 등 선택지도 다양하다. 10여 년 동안 이곳에서 식해를 만들어 판매해온 '언니네 반찬' 가게 주인 방미라 씨(61)는 "동해안에는 서해안보다 조수 간만의 차가 작

강원 강릉 중앙시장에서 파는 명태식해.

생선에 밥 넣고 삭혀 새콤달콤, 고춧가루·파·마늘 넣어 양념.
1년 내내 먹을 수 있는 반찬, 발효 과정서 감칠맛·향 생겨.
채 썬 무 넣으면 씹는 맛 일품, 막국수·수육과도 찰떡궁합.

아서 소금이 부족해 밥을 대신 넣어 삭히게 된 것"이라며 "옛날에는 집집마다 식해를 만들어 제사상에 올렸다"고 설명했다.

사람들이 가장 많이 사 간다는 명태식해를 맛보기용으로 주문했다. 방 씨는 가게 진열대에 푸짐하게 담겨 있는 명태식해를 크게 한 국자 퍼서 포장 용기에 담는다. 위로 소복하게 올라온 도톰한 명태 살 한 점을 떼어 입에 넣어본다. 혀끝에 닿자마자 새콤달콤하다. 식해는 젓갈이지만 짭짤한 맛이 거의 없다. 생선을 삭힐 때 넣는 엿기름이 밥과 만나 발효되는 과정에서 독특한 향과 감칠맛이 만들어지기 때문이다. 또 취향에 따라 식해에 무를 두껍게 채 썰어 넣기도 하는데 이렇게 만들면 오독오독 씹는 맛이 있어 여느 밥도둑이 부럽지 않다.

방씨는 "강릉 사람들은 보통 밑반찬으로 집에 한 통씩 쟁여놓고 먹는다"며 "생선을 통째로 삭혀 먹으니까 칼슘 보충에도 좋고 도루묵·청어·갈치 등 다른 생선으로도 만들기가 가능해 질리지 않고 일 년 내내 먹을 수 있는 반찬이다"라고 말했다.

요즘은 강릉 토박이보다 멀리서 온 관광객들이 명태식해 맛집을 더 찾는다. 이들 입맛을 사로잡은 것은 명태식해를 올린 막국수와 수육이다. 1978년 처음 문을 열어 2대째 운영하고 있는 연곡면 방내리 '본가동해막국수'는 주말이면 기본 한 시간은 기다려야 음식을 주문할 수 있을 정도로 소문난 맛집이다. 가게를 운영하는 신미영 씨(55)는 "구수한 메밀면과 매콤한 명태식해 조화를 잊지 못해 강릉에 여행 올 때마다 방문하는 단골이 많다"며 "따뜻한 수육 한 점에 명태식해를 올려 먹으면 간이 적절해 된장·고추장이 필요 없다"고 먹는 법을 일러줬다.

흰쌀밥에 두툼한 살 올려 한입
강릉 '장치찜'

서쪽엔 태백산맥이 뻗어 있고, 동쪽엔 동해가 인접한 강원 강릉은 바다·산·들이 어우러져 식재료가 다양하다. 영동 지방 최대 도시답게 동네마다 향토 음식이 여럿 발달했다.

그중에서도 수심이 깊고 계절별로 한류와 난류가 흘러 어종이 다양한 동해권역에서 만날 수 있는 강릉 향토 음식 가운데 하나가 바로 장치찜이다. 동해안 북부에서만 잡히는 장치가 주재료인 장치찜은 강릉에 가야 맛볼 수 있다.

장치를 처음 본 사람들은 길이에 한 번 놀라고 생김새에 한 번 더 놀란다. 장치란 몸이 긴 생선을 부르는 강원도 방언이며, 본래 이름은 벌레문치다. 몸통이 길고 머리가 커다란 장치는 꼼치 · 도치와 함께 동해안 못난이 생선 삼형제로 불린다.

장치는 큰 머리에 비해 몸통이 얇고 등지느러미와 꼬리지느러미가 굴곡 없이 이어져 마치 뱀 같다. 1m까지 자라며 갈색 몸통에 얼룩덜

강원 강릉 향토 음식 장치찜. 못생겼지만 담백하고 부드럽다.

동해안 못난이 생선 삼 형제 중 하나,
어획량 줄며 숨은 별미로 많이 찾아.
통통하게 살 오른 겨울 찜으로 즐겨,
무·감자 넣고 녹진해질 때까지 졸여.
몸통은 명태, 머리는 장어와 맛 비슷.
담백한 볼살 '어두일미' 절로 생각나.

흰쌀밥에 조린 무와 장치를 올려 먹으면 밥 한 공기가 모자란다.

룩한 무늬가 있다. 보통 수심 300~1000m에 서식하는데, 성장할수록 바다 깊은 곳으로 이동한다. 육질은 장어처럼 탱탱하고 기름이 많아 요리할 때 기름기를 제거하는 게 무척 중요하다.

깊은 곳에 살아 어획량이 많지 않은 장치는 노리고 잡기보단 다른 생선을 잡아 올릴 때 딸려 오는 어종이기도 하다. 과거엔 잡어로 취급해 그물에 잡혀도 다시 바다로 돌려보내거나 식당으로 유통하지 않고 배에서 회로 먹곤 했다. 그러나 기후변화로 동해안 어획량이 줄면서 장치를 동해 숨은 별미로 많이 찾기 시작했다. 특히 강릉 바닷가 근처에서 장치찜 전문점을 여기저기서 볼 수 있다.

살아 있는 장치는 시장에서 찾아보기 어렵다. 많이 잡히지 않을뿐더러 바다에서 잡아 올리자마자 급랭해서 식당으로 유통하기 때문이다. 우리가 시장에서 구경할 수 있는 건 내장을 제거하고 넓게 펴서 말린 것이다.

강릉역 근처에서 장치찜 전문점을 운영하는 최정란 '콩새장치찜' 대표는 "어릴 때 할머니가 시장에서 말린 장치를 사서 무랑 함께 간장양념에 조려주셨다"며 추억을 회상했다.

장치는 회나 탕으로도 먹지만 겨울철에는 통통하게 살이 올라 찜으로 먹는 게 제맛이다. 장치찜엔 강원도 무와 감자가 들어간다.

요리법은 여느 생선찜과 비슷하지만 손질이 가장 중요하다. 워낙 살이 탱탱하고 껍질이 미끌거려 급랭한 장치를 적당히 해동해야 한다. 해동을 덜하면 딱딱하고, 해동을 너무 하면 칼이 들어가지 않고 튕겨 나온다. 알은 독성이 있으니 잘라낸다. 껍질 기름은 물에 잘 씻겨 내려가는데 이를 깔끔하게 제거해야 비린맛과 느끼함을 방지할 수 있다. 찜으로 요리할 땐 주로 겨울바람에 하루 이틀 살짝 말린 것을 사용하는데 쫄깃한 맛을 즐기기에 좋다. 손질한 장치에 매콤한 양념과 멸치육수를 넣어 국물이 녹진해질 때까지 졸인다. 부드러운 식감을 살리려면 생물로 요리하면 된다.

최 대표는 "말린 장치는 잘못 보관하면 비릿한 냄새가 올라와 음식

맛을 해칠 수 있어 생물을 넓게 포 떠서 쓴다"며 "통째로 넣는 것보다 살에 양념이 골고루 잘 배서 맛이 더 좋다"고 설명했다.

잘 조려진 감자와 무 위에 올라간 통통한 살을 보니 군침이 돈다. 젓가락으로 몸통 살을 집으니 쉽게 뼈에서 떨어진다. 몸통 살은 명태와 비슷하고 머리는 장어 맛이 난다. 머리 양쪽 볼살은 어두일미(魚頭一味)라는 말을 증명하듯 담백하고 두툼한 게 예술이다.

최 대표는 "장치찜을 처음 먹는 손님들은 꼭 머리는 그대로 둔다"며 "직접 가서 볼살을 발라주면 큼지막한 살에 놀란다"고 덧붙였다.

장치찜을 맛있게 먹는 방법도 여러 가지다. 흰쌀밥을 한 숟갈 떠서 매콤달콤한 양념에 적신 살을 올려 먹다보면 순식간에 밥 한 공기를 싹 비운다. 강원도 감자와 밥을 양념에 비빈 후 볼살을 얹어 먹으면 부드럽고 쫀득한 식감을 느낄 수 있다. 살을 어느 정도 먹고 나서 김가루와 라면사리를 넣어 먹어도 좋다.

강릉 사람들조차 토박이가 아니면 잘 모른다는 숨은 별미 장치찜을 맛보러 겨울이 끝나기 전에 강릉으로 떠나보자.

미식가 가을 먹킷리스트 채우다
양양 '송이밥'

흔히 화려하고 진귀한 음식을 두고 '입으로 먹고 눈으로 먹는다'고 한다. 송이버섯은 입과 눈보단 코로 먼저 맛본다. 소나무 아래 청결한 곳에서 자라는 송이버섯은 솔숲의 싱그러움을 닮은 그윽한 향기가 일품이다. '문을 닫고 먹어도 향이 문밖으로 새어 나간다'는 말이 있을 정도다.

맛과 향뿐일까. 효능도 뛰어나다. 특히 항암 효과가 우수하다고 알려졌다. 칼슘 · 철분과 같은 무기질이 풍부하고 혈액 순환에도 도움을 준다. 허준은 의학서 ≪동의보감≫에서 송이가 성분이 고르고 독이 없다면서 '버섯 가운데 으뜸'이라고 적었다.

미식가의 가을철 '먹킷리스트(먹다+버킷리스트, 꼭 먹어야 하는 음식)'에 빠지지 않고 오르는 송이지만 선뜻 사 먹기는 쉽지 않다. 값이 비싸서다. 생육 조건이 까다로운 송이는 사람이 재배하기가 불가능하다. 채취 기간은 보통 추석 전후 40여 일로 짧다. 작황에 따라 1㎏당

가격이 100만 원을 훌쩍 넘을 때도 잦다.

제철 맞은 송이를 맛보러 강원 양양으로 갔다. 양양은 조선 시대 인문지리서인 ≪동국여지승람≫에 '송이버섯 주요 생산지'라고 기록됐을 만큼 예부터 질 좋은 송이가 많이 나는 곳으로 손꼽혔다. 2006년엔 '양양송이'가 우리 임산물 가운데 최초로 지리적표시를 인정받기도 했다.

귀한 송이 향을 실컷 즐기려고 궁리 끝에 나온 요리가 송이밥이다. 쌀 위에 편으로 썬 송이를 올려 밥을 지으면 한 끼를 먹는 내내 알알이 밴 송이 향을 음미할 수 있다. 2~3인분 솥에 한 개만 넣어도 향이 진하다. 밥을 모두 퍼내고 물을 부으면 송이 향 숭늉까지 디저트로 완성된다. 형편이 넉넉지 않아도 호사스러운 밥상을 받고 싶을 때 이만한 요리가 없다.

여느 한솥밥과 달리 송이밥은 양념장을 곁들이지 않는다. 간장이나 고추장이 원재료 본연의 향을 가리기 때문이다. 현남면에 있는 농가 맛집 '달래촌'의 주인장 문기령 씨(63)는 "가끔 양념장을 달라는 손님이 있지만 웬만하면 없이 먹기를 권한다"면서 "첫입엔 별맛이 없는 것 같아도 한두 술 먹다보면 특유의 맛과 향이 느껴질 것"이라고 말했다. 그저 흰쌀과 송이의 조화. 그게 바로 송이밥의 매력이다.

문 씨는 "부족한 간은 함께 나온 나물 반찬에서 채우라"고 했다. 양양은 동해를 품은 갯마을이면서 산과 숲이 우거진 곳이다. 산나물이 지천이다. 달래촌에선 인근 마을에서 직접 뜯은 취나물·망초·제피·찔레순을 들기름과 소금에 무쳐 내놓는다. 역시 간을 순하게 해 재료 본연의 맛이 온전히 느껴지도록 했다. 해조류 부각도 입맛을 돋운다.

송이버섯의 향을 마음껏 느끼려면 생으로 먹으면 된다. 겉면의 흙

불린 쌀 위에 편으로 썬 송이를 올려 밥을 짓는다.

송이밥 한상차림. 양념장을 넣지 않고 은은한 송이향을 느끼면서 먹는 게 송이밥의 매력이다.

편으로 썬 송이 올려 밥 지으면 먹는 내내 알알이 밴 향에 호사.
양념 곁들이지 않는 것이 비법, 흙 털고 흐르는 물에 살짝 씻어.
결대로 찢어 그냥 먹어도 별미.

을 털어내고 흐르는 물에 가볍게 씻은 다음 결대로 세로로 찢어 씹어 먹는다. 양양송이협회 배만철 회장(63)은 "균류지만 생으로 먹어도 탈이 없다"면서 "많이 먹으면 자칫 느끼할 수 있는데 그럴 땐 팬에 살짝 구워 먹으라"고 귀띔했다.

송이버섯은 한우와도 잘 어울린다. 이맘때 양양 고깃집에 가면 고기보다 송이 주문하는 소리가 더 많이 들린다. 팬에 함께 구우면 송이가 쇠고기의 느끼함을 잡아줘 궁합이 좋다. 어린아이들에게는 송이 불고기가 제격이다. 달짝지근한 간장 양념이 밴 송이의 졸깃한 식감이 고기보다 맛있다.

그 외에도 송이 요리는 많다. 다만 워낙 고가라 주산지 주민조차 자주 먹기는 어렵다. 배 회장은 "옛날엔 송이로 밥이며 반찬이며 즐겨 먹었다는데 요새는 비싸서 구입하려면 큰맘 먹어야 한다"고 전했다.

한편 매년 양양 전통시장과 남대천 일원에서 '양양송이축제'가 열린다. 질 좋은 송이버섯을 이곳에서 만날 수 있다고 하니 송이 나는 철에 산지를 방문해 가을 미식을 즐겨보자.

기분 째지게 맛있는 음식
양양 '째복물회'

멋지게 파도를 가르는 해양 스포츠 '서핑'의 성지로 잘 알려진 강원 양양은 동해의 떠오르는 인기 휴양지다. 휴양지에서 빼놓을 수 없는 게 먹는 재미를 더할 맛있는 음식이다. 동해안은 생선회·해삼·오징어 등 다양한 해산물을 넣어 시원하게 먹는 물회가 유명하다.

특히 이곳 양양엔 동해에서만 잡혀 외지인은 들어보지도 못한 조개 '째복'으로 만든 '째복물회'가 있다. 새콤하고 차가운 육수에 쫄깃한 째복 조갯살을 넣은 이 향토 음식은 더운 여름에 잃어버린 입맛을 되찾아줄 양양의 별미다.

째복은 동해안의 3대 토종 조개인 '민들조개'를 부르는 강원 지역 방언이다. 다른 조개보다 크기가 작고 쩨쩨하게 생겼다 해서 째복이라는 이름이 붙었다는 설이 있다. 민들조개는 백합과 조개로 3~5㎝ 크기에 둥근 삼각형 모양이다. 회백색 껍데기에 사방으로 퍼진 거미줄 모양의 예쁜 무늬가 눈에 띈다.

째복물회는 별다른 해산물 없이 민들조갯살만 들어가 맛이 담백하고 깔끔하다.

얕은 바다 밑 모래에 사는 민들조개는 5월부터 맛이 들기 시작하는데 6월 산란기 직전 가장 맛이 좋다. 민들조개를 취급하는 식당에선 5월 말까지 통통하게 살이 오른 민들조개를 한가득 잡아 그대로 냉동한 후 사계절 내내 별미로 제공한다.

민들조개는 양양 바닷가에선 흔한 조개다. 옛날엔 지금보다 그 개체수가 훨씬 많아 얕은 바다의 모래를 발로 쓱 밀면 조개 대여섯 개가 발에 차일 정도였다고 한다. 양양에서 택시기사로 일하는 김철우 씨(59)는 어릴 적 바다에서 민들조개를 가지고 놀던 기억을 떠올렸다.

"동네 친구들과 정암해변에서 놀다 발가락에 걸리는 민들조개를 한가득 주워서 바지 주머니에 넣어 집에 갔죠. 집에선 어머니가 그 조개로 고추장을 풀어 국수를 끓여 주시곤 했어요."

양양 주민들만 즐기던 민들조개의 맛을 이곳에 놀러 온 방문객도 알게 됐다. 양양종합여객터미널에서 차로 10분 정도 거리에 있는 식당 '양양째복'에선 다양한 민들조개 요리를 맛볼 수 있다. 탕·덮밥·물회·무침 등 종류도 많다. 식당 사장인 한정순 씨(57)는 "민들조개는 비린 맛이 없고 깔끔해 어떤 요리와도 잘 어울린다"며 "날씨가 더운 여름철엔 물회를 가장 많이 찾는다"고 소개했다.

조개를 주재료로 넣는 물회는 어떻게 만들까? 정암해변·낙산해변·동호해변 등 양양 바닷가에서 잡은 민들조개는 4일 정도 해감한 뒤 식당에 들여온다. 깨끗이 씻은 조개를 껍데기째로 삶는다. 오래 삶으면 살이 질겨지기 때문에 삶는 시간은 회백색 껍데기가 연한 갈색빛을 띠고 조개 입이 살짝 벌어질 때까지가 적당하다. 껍데기에서 살을 다 발라낸 후 남은 모래나 불순물이 없도록 한 번 더 헹군다. 뽀얗게 삶

동해서만 잡히는 '민들조개' 넣은 여름 별미,
고추장·사과·매실진액 등으로 육수 만들어.
소면 풀어 채소와 같이 먹으면 시원함 '그만'.

맑게 끓인 째복탕은 연한 조갯살과 시원한 국물을 맛보기 좋다.

은 조갯살을 당근·상추·오이 같은 갖가지 채소와 함께 그릇에 담는다. 육수는 고추장을 곱게 풀어 식초·소금 등으로 양념하고 사과·배·매실진액을 이용해 단맛을 낸다. 그릇에 육수를 붓고 소면 사리 한 덩이까지 올려주면 배도 든든한 민들조개 물회가 완성된다. 한씨는 민들조개를 처음 본 외지인의 반응이 식당을 들어올 때와 나갈 때가 180도 다르단다. "특이한 이름 탓인지 째복(민들조개)을 생선인 '복어'의 한 종류라고 오해하고 오는 사람들이 많아요. 식당에 들어와서 조개인 걸 알고 실망하는 눈치인데, 음식이 나온 후 맛보고 나면 다들 쫄깃하고 담백한 맛이 너무 좋다며 배부르게 먹고 나가죠."

조갯살이 담뿍 올라간 물회가 나왔다. 생선회가 없는 물회의 맛은 어떨지 궁금하다. 차가운 그릇을 앞으로 당겨 무심하게 얹은 소면을 육수에 살살 풀어 채소와 조갯살을 함께 섞는다. 조갯살을 먼저 한 점 먹어본다. 조개를 차갑게 먹으면 비릴 것 같다는 걱정은 편견이었다. 비린 맛은 전혀 없고 찬 육수에 담겨 한층 더 쫄깃해진 식감과 씹을수록 느껴지는 고소한 맛이 일품이다. 채소와 소면으로 조갯살을 감싸 먹어보자. 채소가 머금은 육수와 함께 입안에 감칠맛이 돈다. 마지막까지 씹히는 조갯살을 삼키기 전 육수를 그릇째 들고 들이켜면 목덜미까지 시원해지는 느낌이다. 물회만 먹기 아쉽다면 민들조개탕과 무침도 함께 맛보자. 민들조개, 청양고추와 각종 채소를 넣고 맑게 끓인 탕은 어느 조개탕보다도 시원하고 칼칼한 맛을 느낄 수 있다. 민들조개 무침에 소면이나 밥을 비벼 먹어도 좋다.

탁 트인 바다가 생각나는 여름철. 이국적인 풍경이 펼쳐진 양양에서 째복물회와 함께 더위를 날려보자.

입안에 녹아드는 구수한 맛의 향연

정선 '곤드레밥'

밥상을 들여다보면 그 지역 삶을 엿볼 수 있다. 무엇이 많이 나는지, 또 어떤 재료를 조리해 먹었는지 우리네 부엌 문화가 머릿속에 그려지기 때문이다. 밥상에선 선조들 지혜도 배울 수 있다. 먹을 것이 귀했던 시절, 적은 식재료지만 어떻게든 식구들 배를 함께 채워야 했던 고민이 밥과 반찬에 고스란히 담겨 있다.

강원 정선은 산세가 깊고 험해 벼농사가 쉽지 않았다. 지금처럼 영농기술이 발달하지 못한 1970년대엔 부잣집도 흰쌀밥을 마음껏 먹기 어려웠다. 삼시 세끼 챙기는 일이 걱정스럽던 시절, 지천에 자라는 산나물은 이곳 주민들에게 구황작물이나 다름없었는데 이게 바로 '곤드레'다. 이곳에선 산과 들에서 자란 곤드레를 뜯어다 쌀·보리 등을 섞어 죽을 쑤어 먹었는데, 곡식을 조금만 넣어도 식구 여럿을 배불리 먹일 수 있었다. 더 이상 끼니 걱정을 하지 않게 된 지금은 쌀을 아낌없이 넣고 곤드레를 올려 죽 대신 밥을 지어 먹는다. 정선 지역 향토 음

곤드레, 1970년대 주린 배 달래준 나물.
5~6월이 제철…데쳐 냉동 보관해 사용.
묵나물보단 생으로 먹어야 연하고 향긋.
식이섬유·비타민A 등 풍부…소화 잘돼.
돌솥에 밥 안치고 뜸들이기 직전 올려
간장·막장과 비벼 먹으면 맛 일품.

푸릇한 곤드레를 데쳐 밥을 지으면 맛이 한결 더 좋아진다.

말린 곤드레.

식으로 꼽히는 '곤드레밥'에 얽힌 사연이다.

곤드레는 '고려엉겅퀴'라고 불리는 국화과 여러해살이풀이다. 강원 정선·영월·평창과 충북 단양 등에서 많이 난다. 5~6월이 제철이지만 수확 기간이 그리 길지는 않다. 제철에 잔뜩 수확해 삶아서 말려두고 일 년 내내 먹는 것이 일반적이다. 7월이면 쇠어버려 생으로 먹기 어렵고 주로 데쳐 먹는다. 잎을 한 번 뜯어내도 이내 새잎을 밀어 올린다. 어린잎은 쌈으로 먹거나 장아찌로 담가 먹는다. 갖은 양념을 더해 무쳐 먹거나 국·조림·찌개·찜 등에 넣어 먹는다. 말려뒀다가 먹는 '묵나물'이어도 식감이 부드럽고 향이 구수한 것이 특징이다. 무엇보다 청정한 숲속에서 자라 건강한 식재료로 최근 인기가 높다. 식이섬유가 풍부하고 칼슘과 비타민A 등 무기질이 들어 있다. 소화도 잘되는 편이다.

뭐니 뭐니 해도 가장 널리 알려진 레시피는 곤드레밥이다. 밥을 지을 때 간한 곤드레를 넣어 만든다. 밥이 완성되면 간장이나 된장으로 만든 양념장을 넣고 비벼 먹는다.

정선군 정선읍 '동박골식당'은 대표적인 맛집이다. 창업주 이금자 씨(64) 뒤를 이어 조카며느리인 박미숙 씨(60)가 30여 년째 자리를 지키고 있다. 이곳에선 수확하자마자 데쳐서 냉동 보관한 곤드레를 사용한다. 돌솥에 밥을 안치고 끓이다 뜸을 들이기 직전 소금과 들기름에 무친 곤드레를 올린다. 예전엔 묵나물로 밥을 짓는 식당도 꽤 있었지만 지금은 대부분 말리지 않은 것을 쓴다. 박 씨는 "곤드레는 묵나물로 먹어도 좋지만 생으로 먹어야 더 연하고 향긋하다"며 "제철에 거둔 곤드레를 전부 데쳐 냉동 보관해두고 날마다 쓸 만큼 해동해 조리한다"고 설명했다.

곤드레밥 정식을 주문하면 밥과 함께 비벼 먹을 양념장으로 간장과 막장을 내놓는다. 강원도식 된장인 막장은 메주를 잘게 부순 후 보리와 고추씨 등을 섞어 볶은 장이다. 색이 일반 된장보다 훨씬 진하지만 생각보다 짜지 않다. 박 씨는 식당을 찾은 다른 지역 손님에게 "곤드레밥에 막장과 간장을 모두 넣어 비벼 먹으면 건강에도 좋고 맛도 일품이다"고 귀띔했다.

시대가 바뀌었음은 밥상을 보면 알 수 있다. 보릿고개를 버티게 했던 '곤드레죽'이 이제는 '곤드레밥'이 되어 건강식이자 지역 별미로 귀한 대접을 받고 있다.

허기 달래 준 추억의 별미
정선 '메밀국죽'

굽이진 산골 동네인 강원 정선엔 개성 강한 향토 음식이 여럿 발달했다. 그중 메밀국죽은 지역민의 배고픈 역사가 깃든 음식이다.

메밀국죽은 메밀을 넣고 푹 끓여 만든다. 국물이 걸쭉한 것이 국 같기도, 죽 같기도 하다고 해서 이름 붙었다. 생김새는 볼품없어도 조리법은 그리 간단치 않다. 재료 손질부터 수고스럽다. 수확한 메밀을 물에 한참 불렸다가 솥에 찌고 그걸 절구에 설렁설렁 빻는다. 손질에만 반나절쯤 걸린다. 이렇게 준비한 메밀과 여러 부재료를 가마솥에 넣고 두어 시간 팔팔 끓인다.

부재료는 갓 · 콩나물 · 시래기 · 우거지 · 두부 · 칼국수 · 수제비 등으로 철마다 바뀐다. 봄엔 곤드레 나물을 넣고 여름엔 열무나 얼갈이배추가 들어간다. 하지(夏至) 무렵이면 감자도 메밀국죽의 조연으로 등장한다. 반가운 손님을 대접할 땐 민물고기와 함께 고아 근사한 일품요리로 내놓기도 한다. 여느 집밥이 그렇듯 냉장고 사정이나 요리하

막장을 푼 국물에 메밀과 제철 채소를 넣고 끓인 강원 정선 메밀국죽. 무엇을 넣는지에 따라 소박한 집밥 혹은 손님상에 내는 특식이 된다.

쌀 귀한 산골동네… 잘 크는 메밀을 식재료로.
걸쭉한 국물에 막장·고추장 섞어 감칠맛 내.
요즘엔 하루 전 예약해야 맛보는 '귀한 몸'.

강원도에서 일명 '가수기'라 불리는 손칼국수. 메밀국에 칼국수를 넣어 끓이기도 한다.

메일국죽 한상차림.

는 사람 취향에 따라, 혹은 먹는 사람에 따라 재료가 달라지는 셈이다.

무엇이 됐든 건더기를 푸지게 넣는 것이 메밀국죽 조리법의 핵심이다. 정선 지역은 예부터 농토가 척박했다. 쌀밥이 귀해 옥수수밥·감자밥으로 연명하던 시절이 길었다. 메마른 땅에 심어도 잘 자라는 메밀은 춘궁기를 버티게 해준 고마운 작물이었다. 그런 메밀과 손에 잡히는 먹거리는 무엇이든 가리지 않고 한데 넣어 끓여 만든 것이다.

권영원 정선향토음식연구회장(67)은 "메밀쌀이 팍 퍼지면 적은 양으로도 여럿이 배불리 먹을 수 있었다"며 "어려운 시절 끼니를 잇게 해준 귀한 음식"이라고 말했다.

메밀국죽을 더욱 특별하게 만드는 재료는 장이다. 진한 국물 맛은 강원도식 된장인 막장 덕분이다. 일반적으로 메주는 소금물에 담가 간장을 우려낸 뒤 된장으로 담그는데, 막장은 간장을 담그지 않은 상태의 메주를 바로 찧고 물과 소금에 버무려 만든다. 이렇게 하면 짜지 않으면서 콩 특유의 고소한 맛이 진하다. 막장에 고추장을 섞어 간한 국물은 감칠맛이 깊다.

메밀국죽은 이젠 노포에서나 맛볼 수 있는 별미가 됐다. 그나마도 메뉴판엔 없고 단골에게나 내주는 곳이 많다. 메밀이 쌀보다 더 귀하고 비싸진 데다 적은 양으로 끓여도 2~3인분이 나오는 터라 상시 메뉴로 내놓기가 쉽지 않다.

북평면에 있는 '번영수퍼' 식당에서도 하루 전 예약해야만 메밀국죽을 맛볼 수 있다. 이곳 음식은 얼큰하고 짭짤한 맛이 특징이다. 김인자 사장(68)은 "막장 맛을 살리기 위해 육수를 따로 뽑지 않고 맹물에 끓인다"며 "정선산 메밀에 텃밭에서 기른 신선한 푸성귀를 넣는

메밀국죽에 넣어 끓인 칼국수.

것이 비결이라면 비결"이라고 일러줬다.

메밀이 흔치 않은 곡물이 되면서 메밀국죽은 소박한 집밥 메뉴에선 물러났지만 마을 잔치에선 여전히 빠지지 않는 솔푸드다. 추억 서린 뜨끈한 국물이 배는 물론 가슴까지 든든히 채워준다.

한입 물면 오도독, 알싸한 맛 또 생각나네
홍천 '메밀총떡·올챙이국수'

버스를 타고 강원 홍천군 홍천읍 '홍천중앙시장' 가는 길. 창문 밖으로 보이는 풍경은 녹음 짙은 산뿐이다. 험준한 산지로 둘러싸인 강원에선 예부터 메밀·옥수수·감자 등 구황작물이 서민의 배를 채웠다. 부드러운 메밀부침, 달큼하고 구수한 옥수수 면발은 소박하고 담백한 강원의 맛이다.

홍천종합버스터미널에서 12분쯤 걸어가면 홍천중앙시장이 나온다. 이곳은 조선 시대 홍천 읍내장부터 시작해 역사가 깊다. 북문으로 들어서면 여기저기 붙어 있는 홍총떡 간판이 눈에 띈다. 홍총떡과 항상 짝꿍으로 붙어 다니는 메밀부침, 옅은 회색빛에 투명한 감자떡이 상점 매대마다 쌓여 있다.

홍총떡은 '홍천메밀총떡'의 줄임말이다. 2012년 홍천군 브랜드 개발 사업 과정에서 붙은 이름이다. 메밀전병과 맛·요리법이 흡사한 총떡은 총대와 비슷하게 생겨서 별칭처럼 불리곤 한다. 다른 지역의 메

총떡

밀전병을 떠올리며 홍총떡을 시켰다면 당황할 수 있다. 메밀전병은 보통 진한 갈색이지만 홍총떡은 옅은 살구색을 띤다.

10년째 같은 자리에서 홍총떡을 팔고 있는 유순열 씨(63)는 "다른 지역은 메밀가루에 밀가루를 섞어서 찰기도 덜하고 색이 짙다"며 "홍천에서는 껍질 벗긴 메밀을 맷돌로 갈아 그대로 부쳐 연한 색이 나고 메밀 향도 강하다"고 설명했다.

홍총떡을 시키면 눈앞에서 바로 만들어 준다. 먼저 오목하게 파인 부분을 위로 올라오게 뒤집은 소댕(솥을 덮는 뚜껑)에 들기름을 골고루 바른다. 메밀 반죽을 한 국자 떠서 얇게 부쳐낸다. 익은 반죽 위에 무·배추로 만든 소를 올려 김밥 말듯이 돌돌 말아주면 끝이다. 이때 들어가는 소는 김치 만드는 양념과 비슷하다. 한번 쪄낸 무와 소금에 절인 배추에 고춧가루·파·마늘을 넣고 들기름에 살짝 볶는다.

바로 나온 홍총떡은 한 김 식혀야 더 맛있다. 먹기 좋게 자른 조각을 한입 가득 넣고 음미해본다. 부드러운 메밀 속에 오도독 씹히는 무와 배추 때문에 식감이 다채롭다. 청양고추와 무의 알싸한 맛에 입안이 얼얼해진다. 화끈거리는 혀를 달래주는 것은 메밀부침이다. 홍총떡에 쓰는 반죽에 절인 배추와 부추만 넣고 부친 간단한 음식이다. 이는 대적이라고도 부르는데 흔히 아는 부침개처럼 넓고 동그랗게 생겼다.

홍천 향토 음식으로 꼽히는 올챙이국수도 둘째가라면 서럽다. 마침 옆 가게 매대에 큰 대야 가득 올챙이를 닮은 국수 면발이 담겨 있다. 옥수수로 만들어 샛노란 면발은 둥근 머리와 얇은 꼬리를 가졌다. 이 모습이 마치 올챙이를 닮았다고 해서 붙은 이름이다. 올챙이는 전혀 들어가지 않는다.

메밀부침 올챙이국수

일반 전병과 맛·요리법 비슷, 연한 살구색에 메밀 향 강해.
만든 후 잠깐 식혀야 더 맛나, 무·배추 소로 식감 다채로워.
메밀부침 곁들이면 환상궁합, 향토 음식 올챙이국수도 별미.

도토리국수 쑥떡

상인대학 졸업 우수점포
희망부침
고객만족
상인화합
메밀전병
국내산 -- 5개
오늘도 좋은하루
어서오세요 사랑합니다
이모네
토종 감자떡
감자떡

만드는 방법도 의외로 어렵지 않다. 옥수수 낱알을 맷돌에 갈아 전분을 가라앉힌 다음, 위에 맑은 물은 버린다. 나머지를 솥에 붓고 끓여주면 마치 풀처럼 되직해진다. 이를 체에 붓고 바로 찬물에 반죽이 떨어지게 하면 올챙이 모양 면발이 만들어진다. 마치 묵 쑤는 방법 같다고 해서 '올챙묵'이라고도 부른다.

특히 양념장 넣고 비벼 먹는 게 별미다. 간장에 파 · 마늘을 넣은 양념이 구수한 옥수수 면발 풍미를 한층 올려준다. 면발은 너무 짧고 미끄러워 젓가락으로 집히지 않는데 숟가락으로 떠서 후루룩 먹다보면 심심하고 담백한 맛에 빠져들게 된다. 중간에 시원한 열무김치를 올려 먹으면 가히 예술이란다.

올챙이국수와 쌍벽을 이루는 것은 도토리국수다. 옥수수 대신 도토리로 만든 국수다. 한 그릇 주문하면 진갈색 오동통한 긴 면발을 넘칠 듯 담아준다. 이 역시 젓가락으로 집으면 쉽게 끊어져 숟가락으로 훌훌 들이켜야 한다. 양념장이 질렸다면 콩물을 부어 먹는 것을 추천한다. 고소한 콩물과 쌉싸래한 도토리 면발이 잘 어울린다.

3장

충청도

영동 올뱅이국
옥천 마주조림
진천 붕어찜
충주 꿩고기
논산 웅어회
당진 깻묵된장
당진 꺼먹지
보령 세모국
보령 파김치붕장어찌개
서산 호박지찌개
천안 병천순대국
태안 게국지
태안 박속밀국낙지탕

쫄깃한 초록 알갱이 그득…수고로움에 찬사를

영동 '올뱅이국'

'올뱅이'는 다슬기를 이르는 충북 영동 사투리다. 옆 동네 옥천에선 '올갱이'라 부르고 경상도에선 '고둥·고디', 전라도에선 '다시리 · 대수리'라고 한다. 강원도 방언으론 '골뱅이'다. 이름이 많다는 건 그만큼 흔하다는 뜻. 다슬기는 기후를 가리지 않고 전국의 하천 어디서든 잘 산다. 특히 물이 맑고 찬 금강에 대거 서식한다.

금강 상류 줄기인 초강천을 품은 영동군 황간면엔 예부터 다슬기 요리가 발달했다. 집 앞 개울에 지천으로 널린 다슬기를 잡아다 무치거나, 지지거나, 졸여 먹었다. 아무것도 더하지 않고 삶아다 주전부리로도 즐겼다. 그 가운데서 가장 사랑 받은 것은 국이다. '올뱅이국'은 영동 사람들의 오래된 집밥 메뉴다. 지금도 초여름에 들어서면 어른·아이 할 것 없이 '올뱅이' 잡으러 바지를 걷어붙이고 천변으로 향하는 이들을 자주 볼 수 있다.

평범한 찬거리가 식당의 주인공으로 등장한 건 1982년이다. 영동

올뱅이를 푹 끓인 국물에 된장을 풀고 얼갈이배추·부추를 넣은 올뱅이국.

시장 뒷골목에 자리잡은 '뒷골집'의 류명자 사장(73)은 이곳이 인근에서 처음으로 올뱅이국을 선보인 원조 식당이란다. 어릴 적 엄마가 해주던 조리법을 지금껏 고수하고 있다.

뒷골집은 100% 초강천에서 잡은 다슬기만 쓴다. 큰 것은 국물용으로, 작은 것은 건더기용으로 나눠 사용한다. 국물을 낼 때 대여섯 번 반복해 끓이는 것이 이 집만의 비법이다. 진하게 우러난 국물에 된장을 풀고 깐 다슬기와 얼갈이배추·부추를 넣는다. 잘게 다진 청양고추를 곁들여 칼칼함까지 더해주면 완성이다.

여기까지만 들으면 세상 간단해 보이지만 실은 가장 중요하면서도 귀찮은 과정이 빠져 있다. 바로 다슬기 살을 발라내는 작업이다. 다슬기는 아무리 큰 것이라도 어른 새끼손가락 한 마디만 하다. 이쑤시개를 쓰기에도 작아서 바늘로 일일이 살을 꿰어 빼내야 한다. 요즘은 손님이 줄어 하루에 3*kg* 정도 손질하는 데 3시간쯤 걸린다. 7시 아침 장사를 하려면 꼭두새벽같이 나와 준비를 해야 하는 셈이다. 류 사장은 "올뱅이 까는 게 힘들다기보다는 귀찮지. 요샌 전문 식당도 몇 군데 없슈. 다들 집에서나 해 먹는 음식이유"라며 구수한 충청도 사투리로 친근함을 자아냈다.

수다를 마치자 뚝배기에 담긴 올뱅이국이 나왔다. 갈색 된장국에 다슬기 살이 다글다글 올라가 있다. 낯선 초록빛에 움찔하기도 잠시, 구수한 향이 입맛을 당긴다. 건더기를 푸짐하게 떠 호호 불고선 한입 꿀떡! 구수함과 칼칼함에 연달아 짭조름한 비릿함이 올라온다. 해산물과는 다른 감칠맛이다. 맛도 맛이지만 식감이 재밌다. 탱글탱글한 살이 졸깃하다. 뒤이어 작은 부스러기가 입안을 헤집는다. 해감하는 작

영동서 '올뱅이'라 불리는 다슬기, 물 맑고 차가운 금강에 대거 서식.
상류 줄기 '초강천' 품은 황간면 요리 발달…특히 '국'으로 즐겨.
다슬기 여러 번 끓여 국물 우려 된장·깐다슬기·얼갈이배추 넣어.
잘게 다진 청양고추 곁들이면 구수하고 칼칼…재밌는 식감도.

다슬기는 '거울'이라 부르는 도구를 이용해 잡는다.

'뒷골집'의 인기 메뉴 가운데 하나인 살만 발라낸 '깐 올뱅이'.
반찬처럼 따로 먹거나 국에 추가해 푸짐하게 즐기면 된다.

업이 덜된 걸까? 류 사장에게 물으니 곧바로 고개를 내저으며 답한다. “으스러지는 거 손가락으로 문대보슈. 그럼 부드럽게 뭉개지거든. 모래알은 그렇게 안 돼유. 고것이 올뱅이 알이유.”

토박이들은 특유의 식감을 좋아하지만, 만약 거슬린다면 6월 산란기가 지난 후 잡은 다슬기로 요리하면 된다. 보다 깔끔하게 국물을 맛볼 수 있다.

식사를 거의 마칠 때쯤 식당으로 양복 입은 한 손님이 들어섰다. 주인장에게 익숙하게 인사를 건네고 주문한다. 몇 해 전 근방에서 근무했는데 그때 먹은 올뱅이국 맛을 잊지 못해 다른 도시로 이사하고도 종종 들러 포장해 간단다. 그는 “평범한 맛인데도 때 되면 한 번씩 생각이 난다”며 “나보다 아내가 더 좋아해 근처에 오면 꼭 사간다”고 말했다.

집밥의 매력이 여기에 있다. 은근히 당기는 맛, 먹지 않고는 못 배기는 맛이다. 가족들 먹이겠다는 마음 하나로 고생스러운 요리법을 감수한 엄마의 사랑 덕분일까. 후루룩 해치우는 국밥 한 그릇이지만 몸과 마음을 오래도록 따뜻하게 채워준다.

부드러운 모래무지에 소주 한잔 찰떡궁합

옥천 '마주조림'

'넓은 벌 동쪽 끝으로 옛이야기 지줄대는 실개천이 휘돌아 나가고….'

금강이 굽이치는 충북 옥천은 정지용 시인의 '향수'라는 시구절에 딱 들어맞는 지역이다. 예로부터 이곳 사람들은 강에서 나는 재료로 식탁을 풍성하게 차렸다. 작은 물고기를 프라이팬에 빙 둘러 바싹 구운 도리뱅뱅이나 제철마다 잡히는 생선을 푹 고아 만든 어죽 모두 옥천을 대표하는 음식이다. 이 가운데 지역민이 단연 최고로 꼽는 별미가 바로 '마주조림'이다. 마주는 금강 지역에서 모래무지를 흔히 부르는 말이다.

모래무지는 부르는 이름이 많다. 지역에 따라 마주 · 마자 · 오개마자 등으로 불린다. 개울 바닥에 딱 붙어 서식하며 모래 속 먹이를 먹고 도로 모래를 뱉어낸다고 해 '취사어(吹沙魚)'라고 부르기도 한다. 모래무지 크기는 15~25㎝로 작은 편이다. 배는 은백색, 등은 진한 갈색을 띤다. 꼬리 끝으로 갈수록 자연의 색과 흡사한 검은 점박이 무늬

마주조림은 충북 옥천을 대표하는 향토 음식이다. 모래무지와 무, 시래기로 얼큰한 양념장을 넣고 버글버글 조려 만든다.

가 진해져 모래 속에 숨어 있으면 찾기 어려울 정도다.

모래무지는 탕·찌개보다 조림에 잘 어울린다. 성질이 급해 잡자마자 바로 죽기 때문에 신선한 재료로 끓여야 맛이 사는 매운탕엔 적합하지 않다. 은근한 불 위에서 입맛을 끄는 강한 양념에 오래 조려내는 요리법이 안성맞춤이다. 과거엔 흔히 먹던 마주조림이지만 이젠 아는 사람만 찾아 먹는 추억에 젖은 향토 음식이 됐다. 옥천 토박이들은 "예전엔 그물에 걸리는 생선 태반이 마주였을 정도로 많았다"며 "최근 수질오염이 심해지면서 개체수가 확연히 줄어 아쉽다"고 입을 모은다.

금강 물길 근처 동이면 적하리에 있는 식당 '금강나루터'는 40년 전통 마주조림 전문점이다. 아직도 어렸을 때 먹던 맛을 잊지 못해 찾아오는 60~70대 어르신 단골손님이 여럿이다. 주말엔 멀리서 찾아오는 미식가들로 테이블마다 가득 찬다.

식당을 운영하는 전창하 대표(72)는 마주조림의 핵심은 메주콩이라고 설명한다. 그는 "강바닥에 붙어 사는 생선일수록 비린내를 잡는 것이 중요하다"며 "메주콩을 아낌없이 활용해 잡내를 없애고 구수한 맛을 끌어올리는 것이 수십 년 이어온 비법"이라고 귀띔했다. 이어 "무·시래기·대파 등 갖은 채소와 실한 민물새우, 고춧가루·간장·마늘 등으로 양념을 하고 30분 정도 푹 조리면 끝"이라고 덧붙였다.

마침 설명이 끝나갈 때쯤 마주조림 한 냄비가 나왔다. 조림이라기엔 국물이 자박자박하게 많다. 걸쭉한 국물부터 떠먹어보니 구수한 맛이 일품이다. 칼칼한 뒷맛 덕에 개운함이 느껴진다. 모래무지는 원체 살이 부드러워 숟가락으로도 쉽게 으스러진다. 이를 국물 듬뿍 머금은 시래기와 함께 먹으면 된다.

성질 급해 잡자마자 금방 죽어,
매운탕보다 걸쭉한 조림 적합.
메주콩 넣고 끓여 국물 구수해,
살점은 시래기와 먹으면 일품.

피라미를 프라이팬에 빙 둘러
바싹 튀긴 도리뱅뱅이.

전 대표는 “모래무지 한 마리에 소주 한잔, 밥 한술에 무 한 조각을 먹다보면 냄비가 금방 바닥을 드러낸다”며 “옥천 사람들은 지치고 힘든 일이 있을 때 솔푸드로 마주조림을 찾아 먹곤 한다”고 말했다.

도리뱅뱅이

도리뱅뱅이는 주로 피라미를 바깥쪽으로 머리를 향하게 하고 안쪽으로 꼬리를 향하게 해 시계처럼 둥그렇게 돌려 익히는 음식이다. 물고기가 노르스름하게 튀겨지면 기름을 따라내고 그 위에 양념장을 바른 뒤 잘게 썬 파를 올려서 낸다. 마주조림과 함께 옥천을 대표하는 맛깔스런 토속 음식이다.

기력 채워주고 강태공 마음 달래주네!

진천 '붕어찜'

"어렸을 때는 햇볕 쨍한 여름에 친구들이랑 물놀이하다가 배고프면 통발 던져서 물고기도 잡아먹고 그랬지. 요즘도 옛날 생각 날 때마다 낚시터에 종종 와서 찌도 던지고 붕어찜도 먹고 그래요."

충북 진천에는 220만㎡(66만 5000평)가 넘는 중부권 최대 규모 낚시터 '초평저수지'가 있다. 수면 위에는 수상 좌대 100여 개가 한가로이 놓여 있다. 한 낚시꾼이 12시간가량 이곳에 앉아 하염없이 찌 울림을 기다리며 뱉은 말이다.

그는 "오늘은 일진이 좀 나쁜 것 같은데 운 좋으면 잉어가 낚이고 좋지 않다 해도 붕어·가물치는 잘 잡혀서 꼭 온다"고 귀띔했다. 혹시 아무것도 잡지 못해 빈손으로 돌아간다 해도 아쉬워할 필요 없단다. 초평저수지 주변엔 붕어찜 맛집들만 모인 '초평붕어마을'이 있기 때문이다.

붕어마을에는 주말이면 담백하고 칼칼한 붕어찜을 먹으려고 사람들이 줄을 잇는다. 본디 붕어찜은 저수지 주변에 사는 주민들이 각종

충북 진천의 향토 음식 '붕어찜 민물새우탕' 한상. 살이 연하고 쫄깃한 붕어찜과 얼큰하고 깊은 맛을 내는 민물새우탕이 잘 어울린다.

민물고기에 무·양념장만 더해 자작하게 끓여 먹던 향토 음식이다. 전국으로 붕어찜이 알려지게 된 것은 1980년대 중부고속도로 공사 현장에서다. 기력을 보충하려고 건설 현장 근로자들이 입맛에 맞게 붕어찜에 감자와 시래기를 듬뿍 추가해 먹었다. 이 붕어찜이 입소문을 타고 전국적으로 인기를 끌게 됐다.

붕어찜은 붕어와 갖은 채소만 있으면 쉽게 만들 수 있다. 냄비에 무를 깔고 비늘과 내장을 제거한 붕어를 올린다. 25~30㎝ 되는 붕어 몸통에 칼집을 7번 정도 촘촘히 내줘야 양념도 잘 배고 살을 발라 먹기도 쉽다. 붕어 위에 시래기를 먹기 좋은 크기로 잘라 올리고 대파·풋고추·감자를 빈 공간에 군데군데 넣어준다. 붕어가 잠길 정도까지 물을 붓고 고춧가루·고추장·설탕·마늘로 만든 양념장을 풀면 완성이다.

옛날식 붕어찜을 맛보고 싶다면 붕어마을 1호 식당인 초평면 화산리 '송애집'에 가면 된다. 식당 주인 박경자 씨(67)는 1981년 문을 열어 40년째 자리를 지키고 있다. 창밖으로 초평저수지와 두타산 능선이 한눈에 보여 맛 좋은 음식과 함께 수려한 경치도 만끽할 수 있는 곳이다.

박 씨는 "우리는 직접 재배한 쌀로 밥을 짓고 시래기도 손수 말려서 가마솥에 일일이 삶아 상에 내놓는다"며 "그래서인지 소문이 나 여름에 몸보신하러 어르신 모시고 오는 분들도 있고 낚시터 놀러 왔다가 아이들한테 맛보이려고 찾는 가족 손님도 많다"며 활짝 웃었다.

부드러운 붕어 살코기를 시래기에 감싸 양념장에 푹 찍어 먹으면 별미다. 붕어는 잔가시가 많아 발라 먹기 어려운 생선으로도 잘 알려졌는데, 칼집 난 부분을 젓가락으로 잡고 그대로 위로 올리면 살코기가 쉽게 분리된다. 이를 입에 넣으면 곧바로 부드럽게 풀어진다. 쫄깃

1980년대 건설 노동자 입소문 타며 유명세,
부드러운 살을 시래기에 감싸 먹으면 별미.
칼집 난 부분 젓가락으로 뜨면 쉽게 발라져,
칼칼한 국물에 밥 볶아 먹으면 완벽 마무리.
불포화지방산 풍부해 혈관 질환자에 강추.

한 수제비와 함께 먹으면 식감이 조화롭다. 생선을 충분히 맛봤다면 볶음밥을 주문해보자. 매콤하고 감칠맛 나는 양념에 김가루·참기름을 뿌려 밥을 볶아 식사를 마무리하는 것이 사장님 추천 코스다. 붕어는 불포화지방산이 풍부해 고혈압과 동맥경화 같은 혈관 질환이 있는 사람이 꼭 챙겨 먹어야 할 건강식으로도 꼽힌다.

진천에는 초평 말고도 백곡·연곡 등 저수지가 많아 메기 ·모래무지·붕어를 활용한 민물고기 음식이 발달했다. 그 가운데 메기찜은 붕어찜과 양대 산맥을 이룬다. 살이 연한 붕어와 달리 메기는 쫀득하고 달다. 새끼손가락 두 마디만 한 민물새우가 한가득 들어간 민물새우탕도 인기 메뉴다. 채소로 우려낸 국물에 민물새우를 한 공기 정도 넣고 호박·깻잎·파를 올려 팔팔 끓여 먹는다. 껍질째 씹어 먹는 민물새우의 고소한 맛이 어김없이 진천을 다시 찾게 한다.

수라상 부럽잖은 코스 요리
충주 '꿩고기'

'꿩 구워 먹은 소식'.

소식이 전혀 없음을 뜻하는 속담이다. 맛 좋은 고기로 손꼽히던 꿩은 구하기도 어렵고 양도 적다보니 나눠 먹을 여유가 없었다. 그래서 꿩고기가 생기는 날엔 아무리 가까운 사이에도 연락하지 않고 소리 소문 없이 먹었던 것을 보고 생긴 말이다.

왕실 진상품이자 궁중 잔칫상에 빠지지 않았던 꿩은 충북 충주의 오랜 향토 음식이다. 특히 충주 수안보 일대는 산에 둘러싸여 꿩이 서식하기 좋은 환경으로 꿩 요리가 다양하게 발달했다.

꿩은 우리말로 수컷은 장끼, 암컷은 까투리라고 하며 한자어로는 치(雉)라고 한다. 크기는 닭과 비슷하지만 꼬리가 길고 무늬를 갖고 있다. 우선 수컷은 화려한 외모가 돋보인다. 꼬리가 18개 깃으로 이뤄져 있고 눈 주위가 붉다. 또한 목에 흰색 · 녹색 · 황색 · 적색 등 알록달록한 색을 띠고 있는 게 특징이다. 암컷은 뚜렷한 흰 점이 있고 흑갈

색 · 황색 무늬가 몸통을 덮고 있다.

신라 태종무열왕은 꿩고기 애호가로 전해지는데 우리나라 최고 역사서 ≪삼국유사≫엔 하루에 꿩을 9마리씩 먹었다는 기록이 있다. 또한 조선 임금 가운데 가장 장수했던 영조 수라상엔 매일 꿩고기가 빠지지 않고 올랐다고 하니 꿩이 예로부터 건강과 장수를 대표하는 음식 가운데 하나였음을 알 수 있다.

꿩고기는 필수아미노산을 포함한 고단백 · 저열량 식품으로 잘 알려져 있다. 한의학에선 꿩고기를 찬 음식으로 분류하며 소화 기관을 보강하고 원기 회복에 좋다고 한다. 실제로 암 환자나 큰 수술 환자처럼 체력 회복이 필요한 이들이 많이 찾는다.

꿩은 성질이 예민해 기르기 어렵다. 10월부터 통통하게 살을 찌워 4~6월 알을 낳는데 알 개수는 한번에 10개 내외다. 부화율이 60% 미만으로 90% 이상인 닭에 비해 현저히 낮다. 사육은 물론 도축 후 보관도 까다로워 전문 기술이 필요하다.

송계계곡 근처 꿩 요리 전문점 '대장군'은 꿩요리기능보유자 1호인 박명자 씨의 기술을 그의 딸 고향순 씨, 사위 차봉호 씨가 자부심을 갖고 이어가고 있다. 식당 옆에선 직접 8000~1만 마리 꿩을 방목해 사육한다. 한해에 6000마리 이상을 도축하는데 6개월이 넘은 장끼만 사용한다. 차씨는 꿩 요리는 신선한 꿩 육질을 유지하는 게 관건이라고 설명한다.

"꿩은 잡은 지 하루만 지나도 신선도가 급격히 떨어져요. 꿩 껍질에 거의 유일하게 지방이 2.7g 정도 붙어 있는데 이는 시간이 지날수록 물처럼 녹으면서 고약한 냄새가 나죠. 그래서 꿩을 잡을 땐 30분 안

꿩꼬치 꿩생채

원기 회복 음식…임금님 진상품 유명.
수안보 일대 산 둘러싸여 사육 적합.
생채·회·만두 등 다양한 조리법 활용.
부드럽고 담백, 구수한 육향 등 일품.

꿩수제비 꿩만두

꿩불고기

에 껍질을 벗겨 바로 식혀서 차갑게 유지해야 해요. 냉동실 문을 여닫을 때 발생하는 약간의 온도 변화에도 육질이 달라지기 때문에 영하 60℃에서 보관하고 있죠."

충주 꿩 요리는 여러 방식으로 조리된 꿩을 차례대로 즐기는 코스로 나온다. 이 식당에선 전통 꿩 요리를 9가지로 선보인다. 꿩동치미를 시작으로 생채·회·만두·초밥·산나물전·꼬치·불고기·수제비 등이다. 차 씨는 "꿩은 생으로 먹으면 백 점, 익혀 먹으면 빵점"이라며 "그만큼 꿩고기를 제대로 즐기려면 회로 먹어야 한다"고 덧붙였다.

앞가슴 살이 회로 나왔다. 신선한 꿩으로만 맛볼 수 있다는 꿩회는 고추냉이를 얹어 간장에 살짝 찍어 먹는다. 조금 심심하다면 새콤한 무절임과 곁들여도 좋다. 마치 참치회 같은 모습이지만 비린 맛이 없다. 섬유질이 얇아 아주 부드러우며 담백하다. 충주 특산물인 사과와 꿩회를 얇게 썰어 얹은 꿩사과초밥도 별미다. 생선초밥과 달리 기름기가 전혀 없어 깔끔하다.

꿩 요리 가운데 가장 익숙한 건 꿩만두다. 두부·쪽파·표고버섯 등 채소에 100% 꿩고기만 여러 부위를 다져 소를 채운 꿩만두를 입에 넣으면 구수한 육향을 느낄 수 있다. 마지막으로 3시간만 우려도 복국만큼 시원한 맛을 내는 꿩 뼈 육수에 손 반죽한 수제비로 마무리한다.

여행 가기 좋은 가을날, 임금님 같은 하루를 누리고 싶다면 청풍명월 충주에서 꿩 요리를 맛보길 추천한다.

봄꽃보다 기다려지는 햇우어회 한 접시
논산 '웅어회'

나뭇가지 끝에 맺힌 꽃망울을 보고 봄이 온 걸 눈치채듯, 충남 논산 사람들은 강경 황산나루터 식당 곳곳에 '햇우어회 개시'가 적힌 현수막이 걸리면 봄이 왔다고 느낀다. '우어'는 금강 하구에서 잡히는 생선 '웅어'를 부르는 충청 방언이다. 웅어회는 못자리 준비가 한창인 때 논산 강경에 가면 꼭 먹어야 하는 향토 음식이다.

웅어는 청어목 멸치과에 속하는 바다생선으로 20~30㎝ 크기에 가늘고 긴 몸통을 가지고 있다. 배 아랫부분이 은백색을 띠며 뾰족하게 튀어나온 게 특징이다. 바다에서 서식하다가 산란기를 앞두고 3~5월 강으로 올라오는데, 웅어를 맛볼 수 있는 시기도 이 때다. 웅어는 그물에 걸리자마자 죽어버릴 정도로 성질이 급하다. 논산 외에도 충남 부여와 전북 익산 등 잡히는 지역에서만 먹을 수 있어 귀하다.

예전에도 웅어는 귀하고 맛 좋기로 유명했다. 조선 시대 세시풍속이 기록된 ≪경도잡지(京都雜志)≫에 따르면 임금님 수라상에 올릴 웅

제철 웅어는 회나 구이로 먹는 게 가장 맛있다. 충남 논산시 강경읍에 있는 '황산옥'에서 웅어회를 주문하면 김이 함께 나오는데 상추·깻잎에 싸 먹는 것보다 훨씬 고소한 풍미를 느낄 수 있다.

어를 잡아 관리하는 '위어소(葦漁所)'와 '석빙고'를 따로 뒀다고 한다. 조선 화가 겸재 정선이 행주나루 웅어잡이를 하는 장면을 진경산수로 담은 '행호관어도(杏湖觀漁圖)'에서도 그 모습을 볼 수 있다. 또한 백제 말기 의자왕이 봄철마다 웅어를 찾았다는 이야기도 전해진다.

강경젓갈시장 골목을 지나 금강을 따라가다 보면 웅어회를 파는 식당들이 눈에 띈다. 그 가운데 1915년 황산나루터에 처음 문을 연 '황산옥'은 올해로 109년째 그 명성을 이어가고 있다. 3대 사장인 모숙자 대표(67)는 오늘 생물로 잡아온 웅어를 손질해 내보였다. 과거엔 웅어가 남아돌 정도로 많이 잡혔지만, 금강하굿둑이 막히고 나선 제철에도 운이 좋아야 잡을 수 있단다.

"생물로 잡은 쫄깃한 웅어는 봄부터 초여름까지만 들어와요. 3~6월에 잡은 웅어를 냉동하면 사계절 내내 먹을 수 있지만 생물에 비하면 맛이 떨어지죠."

웅어회는 갖가지 채소에 매콤새콤한 양념으로 버무린 무침회다. 만드는 방법은 간단하다. 웅어 머리와 내장을 제거하고 비늘을 벗긴다. 작은 웅어는 뼈째 썰기도 하지만 큰 뼈는 억세서 발라내는 게 좋다. 손질한 웅어를 길게 썬 다음 미나리를 비롯한 당근·양파·오이·양배추를 넣고 양념장과 버무리면 완성이다. 식당마다 들어가는 재료는 비슷하지만 양념장과 채소 배합 비율은 조금씩 다르다. 모 대표가 말하는 황산옥의 비법은 과일·마늘 등을 넣어 직접 만든 마늘고추장이다.

"옛날에 시할머니가 황산나루터 뱃사람들이 잡아온 생선으로 술안주를 만들어 줬어요. 웅어를 잡아 오면 썰어서 이 고추장 양념에 무쳐 내놨는데, 그때 만든 웅어회가 지금까지 이어졌어요."

3~5월에만 맛봐… 씹을수록 고소.
새콤달콤 양념에 무쳐 김에 싸먹어.
'복탕'과 함께 먹다보면 속 시원해져.

웅어회비빔밥

밀복은 가시가 없고 살이 부드러워 먹기 좋다.

귀하고 맛 좋기로 유명한 웅어.

하얀 그릇에 담뿍하게 쌓아 올린 웅어회가 침샘을 자극한다. 빨갛게 양념된 웅어 한 점을 미나리·오이와 함께 입안에 넣는다. 미나리 향이 향긋하게 올라오며 매콤상큼한 양념이 입맛을 돋운다. 뒤이어 쫄깃하게 씹히는 웅어 살점 사이로 연한 가시가 조금 느껴지지만 어금니로 꼭꼭 씹으면 고소하다. 함께 나온 손바닥만 한 생김에 웅어회를 한 젓가락 듬뿍 올려 싸 먹어 본다. 김과 웅어회 조합이 의외로 좋다. 김이 새콤한 양념 맛을 살짝 눌러줘 젓가락을 내려놓을 새 없이 먹게 된다.

웅어회를 절반쯤 먹다 보면 밥이 저절로 생각난다. 밥을 비벼 먹겠다고 하면 식당에선 김가루와 참기름을 담은 대접을 준다. 숟가락을 뜰 때마다 웅어 한 점이 올라갈 만큼 넉넉히 넣어 비벼보자. 입안 가득한 감칠맛에 밥 한 공기를 게 눈 감추듯 싹 비운다.

웅어회만 먹기 아쉽다면 복탕을 시켜 함께 먹는 걸 추천한다. 복탕은 논산에서 꼭 맛보고 가야 할 또 다른 별미다. 밀복·참복·황복 등 계절마다 가장 맛있는 복어를 넣어 만든다. 이 가운데 가장 비싼 몸값을 자랑하는 황복은 5월에만 먹을 수 있다. 복탕을 주문하니 밀복 한 마리가 통째로 들어간 뚝배기가 나온다. 밴댕이·멸치 등으로 만든 생선 육수에 별다른 양념 없이 마늘 · 파를 넣은 맑은 국물이 속을 시원하게 풀어준다. 주말이 되면 전국 각지에서 웅어회를 먹으러 온 손님으로 줄을 잇는다. 논산 주민 이현덕 씨(69)는 지인에게 웅어회가 개시했다는 연락을 돌리는 게 봄철 연례행사란다.

“웅어회 맛을 아는 사람들은 이 시기를 놓치지 않죠. 금강 따라 나들이도 갈 겸 매년 봄맞이 행사처럼 갑니다.”

고소함 가득해 밥이 술술
당진 '깻묵된장'

충남 당진 여느 전통 시장 골목에 있는 백반집에 가면 어떤 메뉴를 시키든 똑같은 찌개가 나온다. 바로 깻묵된장이다. 고기·생선 반찬보다도 먼저 손이 가는 음식이다.

깻묵이란 기름을 짜고 남은 깨 찌꺼기를 말한다. 주로 논밭 거름이나 낚시 밑밥으로 쓰고 그도 아니면 버리고 만다. 지금은 별 볼 일 없는 취급을 받지만, 과거엔 그런대로 괜찮은 먹거리였다.

"옛날엔 먹을 게 귀했잖유. 말이 찌꺼기지, 돈 주고 사는 것만치 맛있었쥬. 당시엔 기름 짜는 기술이 변변찮었잖여. 깻묵에 고소한 기름기가 잔뜩 남어서 월매나 고소혔는디유. 이 동네 어르신들이 아직도 그 맛을 못 잊는 거유."

수청동에서 백반집 '해나루밥상'을 운영하는 류승연 사장(59)은 깻묵된장이 당진 솔푸드가 된 연유를 설명했다.

집집이 깨 농사를 지어 참기름·들기름을 짜 먹던 시절엔 깻묵 없

교황 입맛도 사로잡은 검은 김치
당진 '꺼먹지'

'검은 김치'라는 뜻인 '꺼먹지'는 이름도 생김새도 낯설다. 원래 먹을 게 없던 시절 김장하고 남은 무청을 소금에 절여 내놓은 반찬이다. 지금은 충남 당진을 대표하는 향토 음식에 이름을 올릴 정도로 '꺼먹지 솥밥·비빔밥' 같은 요리로 관광객 마음을 사로잡고 있다. 맛과 향이 튀지 않아 고기·해산물 반찬과도 잘 어울린다는 점 역시 인기 비결이다.

꺼먹지는 매년 11월께 무청을 수확해 절인 다음 이듬해 5월쯤 꺼내 먹는다. 항아리에 무청을 한층 깔고 그 위에 소금·고추씨를 뿌려준다. 다시 층층이 무청을 쌓아 올리는 것을 반복한 뒤 뚜껑을 닫아 기다리기만 하면 완성이다. 150일 정도 지나면 까맣게 숙성되는데 이를 꺼내서 한차례 삶아주고 물에 10시간 이상 담가 짠맛을 빼줘야 한다. 식이섬유와 무기질이 풍부한 무청을 발효해 소화를 잘 못하는 사람에게도 좋다.

어렸을 때부터 집에서 꺼먹지를 직접 만들어 먹었다는 안경미 씨

소금에 절인 무청을 이용해 만든 충남 당진 향토 음식 '꺼먹지'.

(62 · 당진시 우강면)는 "항아리 가득 들어 있는 꺼먹지를 꺼내 들기름과 다진 마늘을 넣어 볶아주거나 밥 지을 때 위에 송송 썰어 올려주면 가족들 건강을 책임지는 웰빙(Well-being) 식단이 완성된다"고 먹는 법을 설명했다.

자주 먹을 수 있었던 건 질 좋은 무청을 쉽게 구할 수 있어서다. 아산과 함께 배추·무 주산지로 잘 알려진 당진은 3분의 2가량이 바다와 접해 있어 기후가 온난하고 낮은 구릉지가 발달해 삽교천 주변의 우강·내표 평야 등 넓은 논밭이 많다. 시래기·짠지·우거지같이 무와 배추를 활용한 다양한 음식이 발달한 이유다.

꺼먹지가 지역을 넘어 세계적으로 알려진 것은 프란치스코 교황이 극찬했기 때문이다. 교황은 2014년 8월 당진시 우강면에 있는 솔뫼성지(김대건 신부 출생지)를 방문했을 때 꺼먹지비빔밥을 대접받았다. 이를 계기로 시는 1년 뒤인 2015년 특허청에 상표를 등록하기도 했다.

아쉬운 건 당진을 찾아가도 전문판매점은 2~3군데밖에 없다는 점이다. 보통 집밥으로 먹기 때문이다. 순성면 '아미여울농가' 식당은 꺼먹지를 맥적(貊炙)과 함께 한상차림으로 내놓는다. 맥적은 된장 양념에 재운 돼지고기를 직화로 구워내 불맛을 입힌 것을 말하는데 쌈 싸듯 올려 먹으면 된다. 솥밥에도 꺼먹지가 올라가 있다.

식당을 운영하는 오정순 대표(64)는 맛있는 꺼먹지가 오랜 기다림 끝에 탄생한다고 설명했다. 오씨는 식당 옆에 있는 628㎡(190평) 규모 밭에서 무청을 수확해 최소 1년 이상 숙성한다고 했다. 오래 묵혀 둘수록 깊은 맛을 내기 때문이다. 꺼먹지를 입안 가득 넣고 씹어보면 그 말뜻이 비로소 이해된다. 꺼먹지는 우리 입맛에 익숙한 시래기와

소금·고추씨 뿌려 항아리 넣고 150일 숙성.
삶고 물에 담가 담백, 들기름·다진 마늘 넣고 볶거나
밥 지을 때 송송 썰어 올리기도.
식이섬유·무기질 풍부한 건강식, 교황도 꺼먹지비빔밥 극찬.

오정순 대표가 1년 동안 숙성한
꺼먹지를 꺼내 들어 보이고 있다.

비슷한 맛이 나지만 말린 채소 특유의 묵힌 향은 나지 않고 신선한 무청 맛이 난다. 부드러운 식감에 오래 씹을수록 담백하고 건강한 맛이 나서 질리지 않고 한 접시를 뚝딱 해치울 수 있다. 이는 특별하진 않지만 한번 맛보면 계속 생각나는 집밥 매력이기도 하다.

오 대표는 "무청을 버리기 아까워 만든 검소한 반찬이지만 신선한 채소를 먹기 힘들던 때부터 우리 식탁을 책임지던 건강식"이라며 "지금은 옛날에 매일같이 먹던 꺼먹지가 생각나서 오랜만에 고향을 찾는 사람이 종종 식당에 들른다"고 활짝 웃었다.

꼬들한 식감, 시원한 국물

보령 '세모국'

충남 보령의 술꾼들은 숙취로 다음날 고생할 걱정이 없다. 이 지역에서만 먹는 속풀이 특효 음식 덕분이다. 바로 세모국이다. 이름부터 생소하다. 세모국은 모양이 세모나다는 뜻일까? 아니다. 세모가사리라는 해초를 넣고 끓여서 붙은 이름이다.

세모가사리는 서해안 일대에서만 나는 해조류다. 김처럼 갯바위에 붙어 사는데 다 자라도 크기가 3~4㎝에 불과할 만큼 짧다. 얼핏 보기엔 뾰족뾰족 날카로운 가시처럼 생겼다. 썰물 때 바닷물이 모두 빠진 다음 사람이 손으로 직접 뜯어 채취해야 한다. 그리고 이를 민물에 깨끗이 씻어 볕에 바싹 말린 다음 유통시킨다.

서해안 주변 마을에서 나고 자란 사람 말고는 세모가사리를 아는 이가 별로 없다. 양식도 안되고 워낙 소량만 생산되기 때문이다. 이마저도 1~3월에만 나서 미리 쟁여두지 않으면 때를 놓쳐 먹을 방법이 없다. 충남 보령·서산 등지에서만 알음알음 먹는 이유다. 밥을 안

서해안 일대에서만 나는 해조류, 세모가사리.

칠 때 같이 넣어 먹기도 하고, 식용유에 달달 볶아 소금이나 설탕을 뿌려 밑반찬으로 먹기도 한다. 하지만 뭐니 뭐니 해도 가장 인기가 좋은 것은 세모국이다.

세모국은 다양한 변주가 가능하다. 기본은 끓는 물에 세모가사리와 조개를 넣고 파 · 마늘로 양념해 한소끔 끓여내는 것이다. 집집마다 여기에 애호박 · 두부 등을 추가해 된장으로 구수한 맛을 더하기도 하고 고추장을 풀어 얼큰하게 먹기도 한다.

10년 넘게 한자리에서 세모국을 팔고 있는 보령시 동대동 '나그네집'을 찾았다. 이곳은 맑게 끓인 세모국을 고집하는 식당이다. 현지에서조차 재료 구하기가 어려워 오전 11시부터 오후 3시까지 점심 특선으로만 선보인다. 점심 때 이 가게를 찾는 이들은 모두 약속이라도 한 듯 "세모국 정식으로요"라고 외치며 들어온다.

세모국은 얼핏 보면 단출해 보인다. 조개를 넣어 뽀얘진 국물에 거뭇거뭇한 세모가사리가 한 움큼 들어 있는 것이 전부다. 하지만 생각 이상으로 깊고 풍부한 맛이 난다. 한 숟갈 맛보니 바다 향이 입안 가득 퍼진다. 짭조름한 국물 맛이 혀끝에서 맴돌고 속 깊은 곳에서부터 시원함이 느껴진다.

밥 한 공기를 말아 푹 퍼서 먹어본다. 밥알 사이사이 세모가사리가 씹히는데 꼬들꼬들한 식감이 일품이다. 쫄깃한 바지락 살도 먹는 재미를 더해준다. 분명 해장국으로 잘 알려져 있는데 주변 테이블에서 연이어 소주를 주문한다.

나그네집을 운영하는 장금년 씨(58)는 "원래는 이 동네 사람 아니면 세모국을 알지도 못했다"며 "얼마 전 TV조선 '식객 허영만의 백반

해조류 세모가사리 넣고 끓여, 서해안서만 접할 수 있는 별미.
된장·고추장 등 재료 따라 변주, 한 입마다 퍼지는 바다 향 일품.
속 풀다 결국 "소주 한 병요!"

세모가사리 오이초무침

기행'에 소개된 다음부터는 관광객도 꽤 찾아온다"고 말했다. 그는 "이 맛있는 음식을 다른 지역 사람들은 난생 들어본 적도 없다니 안타까울 따름"이라며 "앞으로도 세모국이 널리 알려져 모든 사람들이 맛보게 됐으면 좋겠다"고 말했다.

새콤한 파김치, 감칠맛 장어 살…으뜸 보양식

보령 '파김치붕장어찌개'

무더위가 절정인 8월. 충남 보령은 해수욕장을 찾는 젊은이들과 휴가를 떠난 관광객으로 유난히 활기를 띤다. 푸른 바다와 너른 갯벌이 더욱 시원하게 느껴지는 뜨거운 날씨엔 원기 회복을 할 수 있는 다양한 해산물 요리가 입맛을 당긴다. 이곳 보령엔 영양 가득한 붕장어에 알싸한 파김치를 넣어 끓여낸 '파김치붕장어찌개'가 별미다.

여름에 더욱 찾게 되는 생선인 장어는 크게 붕장어·갯장어·먹장어·뱀장어 네 가지로 나뉜다. 긴 물고기라는 의미로 모두 장어(長魚)로 불리지만 그 생김새와 서식지는 조금씩 다르다. 이 가운데 붕장어는 바다장어로, 일본어로 '아나고'로도 불린다. 민물장어인 뱀장어처럼 긴 원기둥 몸통을 가졌으며 몸통 옆엔 흰색 점선이 있는 게 특징이다.

또한 날카로운 송곳니를 가지고 있고 지느러미는 검다. 붕장어는 우리나라 서해와 남해에 많이 서식한다. 사계절 내내 잡히며 다른 장어류에 비해 어획량도 많다. 붕장어는 4년이면 다 자라 몸길이가 50㎝

충남 보령에서 맛볼 수 있는 파김치붕장어찌개.
2년 묵은 파김치와 부드러운 붕장어가 잘 어울린다.
매콤 칼칼한 국물도 일품이다.

를 훌쩍 넘는데, 조업할 땐 최소 35㎝ 이상 크기만 잡을 수 있다. 이미 고단백 식재료로 잘 알려진 붕장어는 옛 의학 서적에서도 그 효능을 확인할 수 있다. 조선 시대 의학서적 ≪동의보감≫엔 "붕장어는 영양 실조와 허약 체질에 좋고 각종 상처를 치료하는 데도 효력이 있다"고 기록돼 있다. 이 외에도 필수아미노산과 오메가3 지방산이 풍부해 체력 회복과 심혈관계질환 예방에도 효과가 있다.

보령엔 전어·병어·주꾸미·꽃게 등 진미로 꼽히는 해산물이 넘쳐난다. 그 때문에 붕장어는 귀한 취급을 받지 못하고 잡히면 다시 바다에 던지거나 시장에서 싼값으로 팔았다. 보령엔 이처럼 손쉽게 구할 수 있는 붕장어를 구이나 탕으로 요리한 음식이 여럿 발달했다. 다양한 붕장어 요리 가운데서도 국물이 많은 충청도식 파김치에 부드러운 붕장어를 함께 넣어 끓인 조합이 가장 유명하다.

보령·서산·당진 등 바다와 가까운 충남 지역엔 파김치를 넣은 붕장어 요리를 파는 식당이 곳곳에 있다. '붕장어전골' '파장찌개' '붕장어탕' 등 그 이름은 제각각이지만 들어가는 재료와 모양은 비슷하다. 너른 갯벌이 펼쳐진 곳에 자리잡은 식당 '장벌집'에선 '파김치아나고탕'이라고 이름 붙였다. 이곳을 운영하는 박순범 사장은 "무더위가 심한 여름철엔 이렇게 살 오른 붕장어를 일주일에 200㎏(500마리) 넘게 쓸 정도로 찾는 손님이 많다"며 식당 뒤편 수족관에서 힘차게 펄떡거리는 붕장어를 잡아 올렸다.

파김치붕장어찌개는 싱싱한 붕장어와 함께 오랜 시간 끓인 붕장어 육수, 잘 익은 파김치가 맛을 좌우한다. 식당 한쪽에선 붕장어 육수가 뽀얗게 우러나고 있다. 육수는 붕장어 척추뼈와 생강·마른 표고·대

붕장어 뼈·생강·마른표고·채소 활용,
오랜 시간 끓여 뽀얗게 육수 우려내.
2년 묵힌 파김치·양념 등 넣으면 완성,
소면 넣고 어죽처럼 만들어 먹기도.
필수아미노산 풍부…기력 회복 탁월.

수족관에서 건져 올린 붕장어. 몸통 옆에 길게 이어진 흰색 점이 눈에 띈다.

파·양파 등 채소를 넣어 이틀 내내 끓여 만든다. 시장에서 때깔 좋은 쪽파가 보일 때마다 사서 파김치를 담그는 것도 중요한 일이다. 보통 2년 정도 묵은 파김치를 사용한단다. 세 가지 재료가 준비되면 파김치 붕장어찌개는 거의 다 완성됐다고 보면 된다. 넓은 냄비에 영양가 좋은 장어 육수를 붓고 살짝 초벌을 한 붕장어와 파김치를 넉넉히 통째로 넣은 후 마늘·고춧가루 등을 섞은 비법 양념을 풀어 푹 끓이면 된다.

주방에서 한번 끓인 파김치붕장어찌개가 상 위에 오른다. 박 사장은 "바로 먹어도 되지만 붕장어는 끓일수록 부드러워지니 충분히 기다렸다가 드시라"고 귀띔했다. 큼지막하게 들어간 붕장어와 매콤 칼칼한 파김치 냄새가 군침을 돌게 한다. 얼마나 기다렸을까. 붕장어를 젓가락으로 살짝 들어 올리자 살이 껍질에서 툭 떨어질 정도로 부드러워졌다. 붕장어를 한입 넣자마자 살살 녹는 살과 함께 파김치의 새콤한 감칠맛이 입안에 가득하다.

붕장어의 기름진 맛이 퍼질 때쯤 파김치를 씹는다. 너무 시큼하지 않은 잘 익은 파김치가 식욕을 더 돋운다. 파김치붕장어찌개에 수제비나 라면 사리를 넣어 먹기도 한다. 보령 사람들은 주로 찌개를 다 먹어갈 때쯤 소면을 넣어 뭉근하게 끓인 뒤 어죽처럼 만들어 후루룩 먹는다.

단짠(달고 짠) 조합, 맵단(맵고 단) 조합 등 끊임없이 입맛을 당기는 맛 조합이 유행이다. 맛과 영양을 동시에 만족시킬 부드럽고 고소한 붕장어와 매콤하고 시원한 파김치의 조합도 주목할 만하다.

달큰한 호박을 밥에 쓱 비벼 한입

서산 '호박지찌개'

쌀랑한 추위가 느껴지기 시작하면 어김없이 바글바글 끓인 소박한 찌개 한 뚝배기가 생각난다.

충남 서산 토박이에게 호박지찌개는 어린 시절 향수를 불러일으키는 솔푸드다. 한술 뜨자마자 혀끝에서부터 아련한 추억이 피어오르니 몸도 마음도 참 따뜻해지는 음식이 아닐 수 없다.

호박지찌개는 서산을 비롯해 인근 지역에서 만들어 먹는 김치인 '호박지'로 끓인 찌개다. 특히 김장철에 호박지를 만드는 집이 많다. 김장을 하고 난 후 남은 자투리 채소를 더해 만들기 때문이다. 무청을 듬뿍 넣은 게국지찌개나 우럭젓국찌개 역시 부산물로 만든 겨울나기용 찌개다. 호박지찌개는 재료 하나하나를 소중히 여기고 알뜰히 활용한 조상들의 지혜를 잘 보여준다.

호박지는 배추김치 만드는 방법과 크게 다르지 않다. 투박하게 숭덩숭덩 썬 늙은 호박과 무·배추·무청을 버무린 다음 고춧가루·파·마늘·생강

으로 양념하고 새우젓이나 황석어젓으로 간을 맞춘다. 깔끔한 맛을 선호하는 집에서는 젓갈 대신 간장게장을 넣기도 한다. 호박에서도 수분이 충분히 나오고 단맛이 많이 나기 때문에 다른 채소를 추가로 넣을 필요는 없다.

쟁여둔 호박지로 찌개 만드는 건 일도 아니다. 뚝배기에 호박지 한 국자를 넣고 들기름에 달달 볶는다. 건더기가 간신히 잠길 정도로 쌀뜨물을 자작하게 붓고 10~15분 끓여주면 끝이다. 신경 쓸 것은 딱 하나, 시간이다. 너무 오래 불 위에 올려두면 호박이 푹 익어버리니 포슬포슬 알맞게 익히는 게 중요하다.

친숙하게 먹던 집밥 메뉴라서 호박지찌개만 전문적으로 하는 식당은 찾기 어렵다. 주인장 손맛 좋은 백반집에서 나오는 게 전부다. 서산시 동문동 보리밥집 '억보리' 메뉴판에도 호박지찌개는 없다. 꽁보리밥 정식을 시키면 따라 나오는데 특히 이 맛을 못 잊어 멀리서도 찾아오는 단골들이 있다.

상 위에 반찬이 한가득 차려지고 가운데 호박지찌개가 자리 잡는다. 샛노란 호박 덩이 한두 개를 떠서 밥 위에 올리고 쓱쓱 비벼 맛본다. 밥알 사이사이로 스며든 국물에서 짭조름한 젓갈 향이 확 풍겨온다. 김치로 만든 찌개라지만 달달한 호박 맛이 많이 나 맛은 된장찌개에 가깝다. 국물을 잔뜩 머금은 무청을 밥 위에 올려 먹어도 맛있다.

단골손님들은 호박지찌개를 먹으며 어렸을 때 기억을 한 보따리씩 풀어놓는다. 일주일에 한두 번은 꼭 이곳을 찾아 점심을 먹는다는 한 손님이 "화롯불 위에 호박지찌개를 올려두고 간단하게 저녁상을 차려 먹던 기억이 아직도 눈에 선하다"며 이야기를 꺼냈다. 이에 옆 테이블에서 "결혼하고 나서 남편한테 호박지를 난생처음 들어봤다"며 "시어머니 어깨너머로 배워 만들어 먹기 시작하면서 가장 좋아하는 음식이 됐다"고 이야기꽃을 피웠다.

늙은 호박에다 김장하고 남은 채소 더해 만든 김치 '호박지'.
뚝배기에 들기름 달달 볶아 쌀뜨물 자작하게 붓고 끓여내.
된장찌개 가까운 맛…한번 먹으면 못 잊고 멀리서도 찾아와.

선지·채소 꽉 채워 속 든든
천안 '병천순대국'

순대 하면 자연스럽게 떠오르는 이름이 있다. 바로 병천순대다. 충남 천안 동남구에 위치한 병천면 이름에서 유래됐다. 병천순대는 입문용 순대라 불릴 정도로 맛이 깔끔하고 담백해 누구나 즐길 수 있다. 순대집 간판이 걸린 전국 어디서나 병천순대를 찾을 수 있을 정도로 유명세가 대단하다. 50년 넘는 전통을 자랑하는 '병천순대거리'에서 그 비밀을 찾아봤다.

천안역에서 차로 20분 정도 가면 길가에 한 집 걸러 한 집씩 20여 곳이 모여 있는 병천순대거리가 펼쳐진다. 점심때가 채 되지 않은 이른 시간부터 가게 앞엔 사람들이 문전성시를 이룬다.

예부터 천안은 교통 요충지로 꼽혔다. 충북 청주·진천, 충남 예산 등지에서 지역 특산물과 사람이 천안에 모여들었다. 오일장인 병천장(아우내장터)이 열리는 날이면 거리가 북적북적해졌다. 이때 시장 상인들과 손님들이 막걸리 한잔을 걸치며 속을 든든히 채우던 음식이 바로 병천순대다.

1990년대 들어 천안엔 하루가 다르게 새로운 기업들이 들어섰다. 이곳으로 출퇴근하는 직장인들이 간편하고 빠르게 점심을 해결한 음식이 순대국이었다. 퇴근 후에는 삼삼오오 사람들이 모여 모듬순대 한 접시를 놓고 술잔을 기울였다. 요즘엔 입소문 난 병천순대 명성을 듣고 찾아온 관광객들로 발길이 끊이질 않는다.

병천순대는 호불호가 크게 갈리지 않는다. 소·돼지 내장 가운데 잡내가 거의 없는 소창을 사용한다. 소창은 사람 소장에 해당하는 부위로 얇고 식감이 부드럽다. 소창을 대나무 막대기에 끼워 겉과 속을 뒤집은 다음 굵은 소금을 뿌려 깨끗이 세척한다. 여기에 따로 만들어 둔 속을 터질 듯이 꽉 채워 넣는다. 속은 선지에 살짝 데친 양배추 · 양파·피망과 파·마늘을 다져 버무린 것이다. 선지는 특유의 향이 강해 선지를 많이 넣으면 비린 맛이 날 수 있다. 따라서 양 조절이 중요하다. 당면을 조금 추가해 재료가 흩어지지 않고 잘 뭉쳐지도록 한다.

뽀얀 국물에 촉촉이 적셔 먹는 순대도 그만의 매력이 있다. 순대국을 만들 때 과거에는 한솥에서 사골 육수도 내고 거기에 또 순대·머릿고기를 삶으며 향을 더했다고 한다. 하지만 짙은 향보다는 구수한 사골 육수 본연의 맛 그대로를 느끼고 싶어 하는 손님이 많아 솥을 따로 쓰게 됐다. 주문이 들어오면 뚝배기에 푹 끓인 사골 육수를 한 국자 덜어낸다. 여기에 따로 만들어 둔 순대와 머릿고기·오소리감투(돼지 위)·볼살을 넣고 한 번 더 뜨겁게 끓여 손님상에 낸다.

4대째 운영하고 있는 '청화집'은 병천순대거리 터줏대감이다. 5년 전 정식으로 주방을 꿰찬 이연숙 씨(46)는 20년 동안 할머니와 엄마 곁에서 순대 만드는 비법을 익혔다.

예부터 오일장 상인 즐겨 찾아, 요즘은 직장인·관광객들 북적.
잡내 적은 소·돼지 소창 사용, 사골육수에 머릿고기 등 함께해.
돈설·간·귀…순대모듬 '별미'.

천안 병천
순대 거리

이씨는 "포장을 제외하고도 하루 평균 500그릇 정도 나간다"며 "단골손님이 자녀를 데리고 와서 자신이 연애할 때부터 자주 오던 가게라고 이곳을 소개하는 모습을 보면 뿌듯하다"고 설명했다.

청화집 메뉴판은 간단하다. 모듬순대와 순대국 둘 뿐이다. 모듬순대를 시키자 오동통한 순대가 두 겹으로 쌓여 나온다. 한 켠에는 돈설(돼지 혀)·간·오소리감투·귀·볼살·머릿고기·허파가 있다. 순대를 입에 넣어본다. 소창은 얇고 부드러워 씹자마자 터지고 고소한 선지가 입안 가득 느껴진다. 양배추 단맛이 기분 좋게 마무리해준다.

접시를 절반 정도 비울 때쯤 순대국이 나온다. 뚝배기 열기 때문에 한참을 보글보글 끓고 있다. 순대 예닐곱 개, 볼살이 가득 들어 있다. 손님 취향에 맞춰 순대국에 들어가는 고기 비율을 달리한다고 한다. 최근엔 살코기를 선호하는 젊은 손님이 많아져 볼살을 많이 넣는다. 취향을 미리 파악한 단골손님에겐 오소리감투를 더 넣어 주기도 하고, 비계 부위가 좋다고 미리 말하는 손님에겐 머릿고기를 챙겨 넣어주는 식이다.

색다른 맛을 보고 싶다면 갖은 양념을 곁들여 보라. 우선 뽀얀 국물을 충분히 맛본다. 깊이 우러난 부드러운 국물이 빈속을 달래준다. 고소한 맛을 더 올리고 싶을 때쯤 들깻가루를 뿌려준다. 뚝배기를 절반 정도 비웠다면 매콤하게 먹어볼 차례다. 청양고추와 다진 양념고추(다대기)를 잘 풀어주면 얼큰하게 마무리할 수 있다.

최근 순대랑 와인을 같이 먹거나 순대 위에 고추냉이를 올려 먹는 별식이 유행하고 있다. 먹는 방법이 무궁무진하게 많이 생길 정도로 순대의 매력은 끝이 없다. 이번 주말엔 병천순대거리를 찾아 순대를 먹어보는 것은 어떨까.

게 내장 깊은 맛, 게살 감칠맛 폭발

태안 '게국지'

"이곳에선 집집이 김장할 때 '이걸' 만들어 두고 겨우내 꺼내 먹어요. 쿰쿰하고 짭조름한 맛이 머릿속에 자꾸 맴돌아서 쉽게 잊히지 않아요."

'끓여 먹는 김치' 게국지 얘기다. 충남 태안반도를 비롯해 서산 · 당진 등 충남 서해안 지역에서 먹는 향토 음식이다. 만드는 법도 우리가 아는 김치와는 조금 다르다. 곰삭은 게장을 잘게 빻아서 배추에 버무린 뒤 한 달 넘게 숙성시켜 만든다. 먹고 싶을 때마다 한 국자씩 퍼내 끓여 먹기 때문에 얼핏 보면 김치찌개 같기도 하다. 취향에 따라 얼큰하게 고춧가루를 넣거나 애호박·무 등 각종 채소를 더해 먹어도 좋다.

"서해안 지역엔 갯벌이 넓어서 게가 가장 흔한 식재료예요. 태안 사람들은 칠게 ·붉은발농게·돌게 등 다양한 게를 잡자마자 간장을 넣고 간장게장을 만들어요. 이걸 거의 다 먹어갈 때 즈음 김장철이 다가오는데, 이때 게국지를 만들어 겨울을 나는 거죠."

23년째 태안읍 동문리에서 게국지 전문점을 운영하고 있는 '덕수식

충남 태안의 향토 음식 게국지. 공삭은
게장을 배추와 버무려 끓인다.

당' 주인 문영숙 씨(60)의 설명이다.

문씨에 따르면 요즘 식당에서 파는 것은 처음 맛보는 사람도 쉽게 먹도록 약간 변형한 형태다. 원래 게국지는 최소 한 달, 길게는 2~3년 삭혀서 끓여 먹는다. 하지만 이렇게 하면 향이 강하기 때문에 사람에 따라 호불호가 갈린다. 해서 요즘은 게장과 배추를 그날그날 버무려 끓여 내놓는 방식이다. 또 빻은 게를 내놓기보다는 게 형태가 보이게 통째 넣어 끓이고, 새우·조개 등 다른 해산물을 추가해 해물탕처럼 먹기도 한다.

태안 지역 솔푸드인 게국지를 직접 먹어보려고 문 씨 가게를 찾았다. 주문을 하자 꽃게 3~4마리가 한가득 들어간 냄비가 나온다. 문 씨는 가스불 위에 냄비를 올리며 "끓일수록 게 내장이 우러나니 좀 기다리면 깊은 맛을 느낄 수 있다"고 귀띔한다.

팔팔 끓는 게국지를 한 숟갈 떠먹었다. 국물에서 짙은 바다 향이 난다. 시원한 국물이 꽃게탕과 비슷한 듯하다가도 살이 통통하게 차 있는 꽃게를 한입 베어 물면 게장의 감칠맛이 혀끝에 맴돌아 또 다른 매력을 느끼게 된다.

"10년 전쯤 게국지가 KBS 예능 프로그램 '1박2일'에 나와서 전국적으로 알려졌어요. 그전엔 태안 사람 말고는 아는 사람이 거의 없었죠. 요즘은 1년에 한두 번씩 게국지가 생각난다고 찾아오는 단골도 생겼어요."

우럭젓국

이곳 주민들이 즐겨 먹는 음식이 또 있으니 다름 아닌 우럭젓국이다.

게장 빻아 배추에 섞어서 숙성, 최소 한 달 삭혀 호불호 갈려.
요즘엔 그날그날 버무려 요리, 꽃게 통째 넣고 해산물 추가.
우럭포 활용한 우럭젓국도 별미.

우럭젓국

충남 지역에선 보통 제사상에 우럭포를 올리곤 하는데, 우럭젓국은 제사가 끝난 후 우럭포를 활용해 만든 음식이다. 우럭포를 큼직하게 3~4등분 하고 두부·무와 함께 쌀뜨물에 넣어 끓인다. 새우젓으로 간을 맞추면 완성이다. 간간하게 간이 밴 두부도 맛있지만 속을 풀어주는 국물이 우럭젓국의 별미다. 덕수식당에서도 우럭젓국을 만날 수 있다.

"이곳 사람들은 우럭젓국을 오래 푹 끓여 먹어요. 이미 완성된 젓국을 15분 정도 더 팔팔 끓이다보면 우럭포가 충분히 우러나면서 노란 빛깔이 나는데 이때 나는 향이 별미예요. 태안에서만 먹을 수 있는 게국지 · 우럭젓국 맛보러 놀러오세요."

낙지 야들야들 국물 담백…바다가 입안에

태안 '박속밀국낙지탕'

박속밀국낙지탕. 이름 한번 특이하다. 찬찬히 뜯어보면 이처럼 명료한 이름이 또 없다. 박 속을 나박나박 썰고 밀가루로 반죽을 빚어 통째로 손질한 낙지와 함께 끓인 탕이란 뜻이다. 충남 태안에서 즐겨 먹던 향토 음식이다.

낙지는 현재 값비싼 보양식품으로 명성이 높지만 과거엔 흔하디 흔했다. 조선 시대 실학자 정약용은 시 〈탐진어가〉에 "어촌에서는 모두가 낙지국을 먹네"라고 적었다. 낙지로 조리한 국·탕을 서민 누구나 일상에서 즐겨 먹었다는 말이다.

태안 지역 사정도 마찬가지였다. 특히 가로림만에 인접한 이원면·원북면 개펄에선 낙지가 발에 챌 만큼 풍부했다. 어느 토박이는 "배고픈 시절을 버티게 해준 고마운 존재"라고 할 정도였으니 알 만하다.

흔한 걸로는 박도 지지 않았다. 전래동화 〈흥부전〉을 떠올려보자. 시골 초가집 지붕에 주렁주렁 박이 열린 풍경이 쉬이 눈앞에 그려진

팔팔 끓는 국물에 낙지를 통째로 넣고 끓이는 이원식당의
박속밀국낙지탕. 야들야들한 낙지와 시원한 국물이 조화롭다.

다. 이렇듯 예부터 태안에선 박과 낙지를 넣고 휘뚜루마뚜루 조리한 음식이 자주 상에 올랐다.

평범한 집밥이던 요리는 1960년대 들어 외식 메뉴가 됐다. 군 내 곳곳에 박속낙지탕 혹은 박속밀국낙지탕을 내놓는 식당이 하나둘 생기면서다. 그 가운데 원조로 꼽히는 곳은 1967년 이원면에 문을 연 '이원식당'이다. 지금은 식당 문을 연 고(故) 윤봉희 씨 뒤를 이어 며느리 안국화 사장(63)이 2대째 운영하고 있다.

이원식당에서 박속밀국낙지탕을 주문하면 먼저 박속탕이 나온다. 납작하게 썬 박이 든 맑은 국물이 바글바글 끓으면 깨끗이 씻은 낙지를 넣는다. 낙지는 오래 익히면 질겨져 맛이 없다. 5분이면 낙지가 빨갛게 익는데 이때 머리는 두고 다리만 꺼내 잘라야 야들야들한 식감을 즐길 수 있다. 국물맛은 담백하다. 비릿한 바다 맛은 은근하고, 박에서 나온 달큼함은 깊다.

안 사장은 "맹물로 끓이는 것이 원조 박속밀국낙지탕"이라면서 "그래야 낙지 맛이 깔끔하다"고 귀띔했다. 박은 꼭 무처럼 생겼다. 맛과 식감은 달지 않은 참외와 비슷하다. 푹 익혀도 설컹설컹 씹히는 박이 또 별미다.

낙지를 모두 건져 먹고 나면 그제야 밀가루 면을 넣는다. 예부터 태안에서는 밀가루 면이나 수제비를 넣은 국물 요리를 밀국이라고 불렀다. 밀가루의 '밀'을 붙였다는 말도 있고 반죽을 밀대로 밀었기에 밀국이라는 설도 있다. 안 사장은 "1970년대 아버지가 일을 하시고선 일당으로 밀가루를 받아오신 기억이 난다"면서 "탕 속 칼국수를 넣은 이유에도 그때 그 시절 형편이 묻어난다"고 말했다.

귀한 재료로 명성 높은 낙지, 과거에는 발에 챌 만큼 흔해.
바글바글 끓는 박속탕에 '쏙'. 낙지 모두 건져서 먹고 나면
밀가루면·수제비 넣어 마무리.

졸깃한 낙지와 푹 익혀도 설컹
거리는 박을 함께 먹는다.

식당이 성업한 지도 반세기가 넘었다. 긴 세월만큼이나 사정이 크게 달라졌다. 초가집은 매끈한 양옥집이 됐고 낙지는 신분이 크게 올라 귀한 식재료로 대접받는다. 그러니 박속밀국낙지탕은 더 이상 주린 배를 채워주는 서민 음식이 아니라 일부러 태안에 들러 맛봐야 할 귀한 향토 음식이 됐다. 변함없는 것은 박과 낙지 모두 태안산을 쓴다는 사실이다. 세상이 좋아져 1년 내내 재료가 떨어질 일이 없지만 그래도 제철을 고르라면 박이 나오는 6~7월이다.

광주 · 전라도

광주 상추튀김
군산 물메기탕 · 풀치조림
군산 박대정식/ 남원 석이버섯전 · 백숙
부안 곰소젓갈백반/ 부안 백합죽
전주 오모가리탕/ 고흥 피굴
담양 죽순회 · 대통밥/ 목포 꽃게살비빔밥
순천 정어리쌈밥
여주 새조개+돌산시금치 샤부샤부
영광 덕자찜/ 장흥 갑오징어먹찜
장흥 된장물회/ 진도 뜸북국

쌈 싸먹는 튀김…자꾸만 생각나네
광주 '상추튀김'

광주광역시에는 이름만 들어서는 생김새가 머릿속에 쉬이 떠오르지 않는 향토 음식이 있다. 바로 '상추튀김'이다. 상추를 튀긴 음식이라고 오해하는 이도 많을 터. 막상 음식이 식탁에 오르면 '아, 튀김을 상추에 싸서 먹는 거구나'라며 무릎을 치게 된다. 이름도 식감도 재미있는 광주광역시만의 특별한 간식, 상추튀김을 소개한다.

구성은 간단하다. 오징어튀김 한 접시, 상추 한 접시, 양념장 한 접시가 세트다. 양념장은 간장에 잘게 썬 양파 · 고추를 넣어 만든다. 오징어튀김도 흔히 분식집에서 볼 수 있는 튀김과 다를 바 없다. 특별한 점은 단 한 가지, 이 셋의 조합이다. 싱싱한 상추와 기름 향 물씬 풍기는 고소한 오징어튀김, 매콤한 양념장이 한데 어우러져 비로소 조화를 이룬다.

상추튀김 맛을 좌우하는 건 튀김 반죽이다. 과자처럼 바삭한 시중의 일반 튀김은 상추에 싸 먹기에 적당하지 않다. 도톰하고 차진 식감의

상추튀김은 상추를 튀긴 음식이 아니라 오징어튀김을 상추에 싸서 먹는 것을 말한다.

반죽이 오징어를 고루 둘러싸고 있는 것이 상추튀김의 핵심이다. 오징어는 생물보다 반건조한 것을 추천한다. 쫄깃함이 생명이기 때문이다.

상추튀김이 탄생한 건 1970년대다. 동구 충장로 2가 옛 광주우체국 뒤편 골목에서 시작된 것으로 알려졌다. 고기쌈을 먹기엔 주머니 사정이 여의치 않아 상대적으로 저렴한 튀김을 싸 먹었다는 설이 있다. 의외의 조합은 많은 사람들의 입맛을 사로잡았고 시간이 흘러 지역을 대표하는 간식으로 자리매김했다. 시는 2019년 육전 · 오리탕과 함께 상추튀김을 '광주 7대 음식'으로 지정했다.

상추튀김 골목에서 10년째 자리를 지키고 있는 상추튀김 전문점 '진스통'을 찾아가봤다. 허경화 사장(51)은 40여 년 전 상추튀김이 처음 만들어졌을 때부터 이 골목 분식점에서 일했다는 어르신에게 비법을 전수받았다. 허 사장은 "무조건 국산 오징어를 쓰는 게 비법이라면 비법"이라면서 "외국산은 싱거운 데다 쫄깃함이 덜해 맛이 떨어진다"고 설명했다. 이어 그는 "가끔 일을 쉽게 하려고 통오징어를 튀긴 다음 가위로 조각을 잘게 자르는 집도 있는데 그렇게 하면 튀김옷이 헐거워 입안에서 따로 논다"며 "오징어를 우선 한입 크기로 잘라 양념을 입히고 묽은 튀김 반죽을 일일이 입혀 튀기는 것이 정석"이라고 덧붙였다.

점심시간이 되면 식당 안은 학생들로 북적인다. 저렴한 가격에 푸짐하게 먹을 수 있는 상추튀김은 예나 지금이나 주머니 사정이 녹록지 않은 이들에게 없어선 안 될 메뉴다. 친구들을 더 불러 모아 떡볶이 한 그릇까지 추가하면 금상첨화다. 허 사장은 "토박이들에겐 소울 푸드나 다름없다"며 "다른 지역 사람들도 한두 번 맛보면 튀김 먹을 때마다 자연스레 생각날 것"이라고 말했다.

상추·오징어튀김·양념장의 조화,
도톰하고 차진 반죽이 맛의 핵심.
반건조 국산 오징어로 식감 살려,
70년대에 고기쌈 대신해 탄생.
저렴·푸짐한 '솔푸드' 자리매김.

해장 음식계에서 넘볼 수 없는 명성
군산 '물메기탕·풀치조림'

자타 공인하는 미식가라면 계절마다 꼭 챙겨 먹는 별미가 있을 터. 봄 주꾸미, 가을 전어에 이어 겨울이 오면 전북 군산·부안 향토 음식 물메기탕을 잊지 말고 먹어야 한다. 물메기는 산란기인 12월부터 이듬해 3월까지 맛이 가장 좋기 때문이다. 뜨끈한 물메기탕과 함께 짭조름한 풀치조림까지 곁들여 맛보고 나면 어느샌가 손꼽아 겨울만 기다리는 자신을 발견하게 된다.

물메기는 쏨뱅이목 꼼칫과의 바닷물고기로 물렁물렁한 몸통과 납작한 머리, 큰 입이 특징이다. 민물고기 메기와 닮아서 물메기라 부른다는 설이 있다. 이외에도 둔한 생김새 때문에 물곰이라 부르기도 하고, 물텀벙이·미거지·잠뱅이 등 별칭이 셀 수 없이 많다. 원체 살이 연해 회로는 잘 먹지 않고 일정한 모양을 갖춰 유통하기조차 어려워 대부분 산지 주변에서 탕으로 요리해 먹는다.

물메기탕 먹고 "맛없다"고 말하면 곧장 "술이 아직 덜 취했네"라는

전북 군산에서는 겨울에 맛이 드는 물메기를
이용해 탕으로 끓여 먹는다.

대답이 돌아온다고 한다. 그만큼 해장 음식계에서는 넘볼 수 없는 명성을 가졌다. 30년째 물메기탕을 선보이는 전북 군산시 영화동 '성환식당'을 찾았다. 물메기탕은 보통 맑게 끓이고 다른 생선탕과 달리 채소가 거의 들어가지 않는다. 무·파·마늘로 양념한 뒤 간단하게 국물을 낸 게 전부다. 물메기 특유의 시원하고 담백한 맛을 살리기 위함이다.

생선 살이 연두부처럼 부드러워 젓가락으로는 쉬이 집히지도 않을 정도다. 숟가락으로 푸짐히 떼어내 입에 넣자마자 순식간에 살이 풀어진다. 씹을 것도 없이 술술 넘어가는 재미에 연신 떠먹게 된다. 껍질은 미끄러우면서도 쫄깃하다. 물메기는 지방이 매우 적고 아미노산 · 비타민이 풍부해 감기 예방과 피부 미용에도 효과적이다.

풀치조림

한창 물메기탕에 정신이 팔려 있다가 문득 밑반찬으로 나온 풀치조림에 도전해본다. 온 식당 가득히 군침 도는 간장 냄새를 풍긴 주인공은 바로 이 음식이다. 풀치는 갈치 새끼로 기다란 풀잎 모양을 닮았다고 해서 붙은 이름이다. 아직 영글지 않은 살을 해풍에 쫀득하게 말려 식감을 살리고 간장 · 물엿 · 고춧가루로 양념해 자박하게 졸여 맛을 냈다.

풀치조림을 흰쌀밥에 올려 먹으니 달고 짭조름한 맛으로 밥도둑이 따로 없다. 말리는 과정에서 수분이 적당히 빠져 맛이 진해지고 감칠맛은 살아났다. 방정희 사장(67)이 다가와 "뼈가 그다지 억세지 않아 토박이들은 살을 따로 발라내지 않고 토막 그대로 입에 넣어 오독오독 씹는 묘미를 즐긴다"고 설명했다.

다시 보니 식당 입구에는 풀치조림을 가득 담은 10여 개의 반찬통

밥도둑으로 잘 알려진 풀치조림.

살 연해 산지서 탕으로 요리, 술술 들어가 해장으로 그만.
짭조름한 조림 쌀밥과 조화, 뼈 부드러워 씹는 묘미 즐겨.

鴻豊行
大雄殿

이 빼곡히 깔려 있다. 한 김 식힌 다음 포장해 전국에 택배로 보낼 예정이다. 방 사장은 "반찬으로 내놓은 음식인데 입소문이 나 이제는 인터넷 주문이 물밀듯 들어올 정도"라며 "고향 맛을 못 잊은 사람은 물론, 알음알음 맛보고 그 매력에 빠져버린 이들이 많다"고 뿌듯한 미소를 지었다.

꼬들꼬들한 식감, 결코 박대할 수 없는 맛

군산 '박대정식'

'시집간 딸에게 보내주면 그 맛을 못 잊어 친정에 발을 못 끊는다'는 이 생선 이름은? 정답은 전북 군산 특산물로 알려진 박대다.

박대는 다른 생선에 비해 비린내가 적고 맛이 담백해 토박이들 사이에선 밥도둑으로 명성이 꽤 높다. 10월부터 12월까지가 박대 제철이다. 고향에서 맛본 박대를 못 잊은 이들, 입소문으로 박대를 알게 된 미식가들은 이맘때쯤 군산으로 모여든다.

박대는 '엷을 박(薄)'자를 쓴다. 몸통이 종잇장처럼 얇아 붙여진 이름이다. 폭이 좁고 길이가 길어 위에서 보면 긴 타원형 모양이다. 크기는 50㎝ 정도이며 눈이 작다. '눈치만 보다가 박대 눈 된다'는 표현이 절로 이해되는 생김새다.

박대는 진흙 바닥에 붙어 살고 가까운 바다에서 잡힌다. 최근 다른 나라 바다까지 나가 원양어선으로 잡아오는 박대도 꽤 많단다. 박대가 군산 사람들의 솔푸드인 이유는 맛도 맛이지만 잡히는 양이 절대

적으로 많아서였다.

1970~1980년대 군산은 서해 수산업 1번지로 부상했다. 이때 가장 많이 잡힌 어종이 박대였다. 10여 년 전까지만 해도 흔하게 잡히던 박대는 최근에 연안 개발이 이뤄지고 불법 어업이 계속된 탓에 어획량이 절반 이상 줄었다. 가격도 2배 넘게 올라 일상처럼 밥상에 올라오던 박대가 이젠 추억 어린 음식 재료가 됐다.

박대는 성질이 급하다. 그래서 대부분 반건조 상태에서 요리한다. 거무스레한 등짝 껍질을 벗기면 분홍빛 속살이 드러나는데 이를 소금물로 간하듯 씻어 햇볕 좋은 곳에 펼쳐 놓고 말린다. 이렇게 하면 꼬들꼬들한 식감이 살아나고 짭조름하게 간이 잘 밴다.

진짜 맛을 보기 위해 '박대 전성기' 때부터 군산시 장미동 한 켠을 지켜온 박대정식 전문점 '아리랑'을 찾았다. '황금박대정식'을 시키면 박대구이·찜과 10여 가지 반찬이 나온다. 반건조 생선을 기름에 튀기듯 구운 박대구이는 언뜻 보기엔 얇고 볼품없다. 하지만 가시가 거의 없어 먹다보면 양이 꽤 많다. 젓가락으로 찔러보니 살이 꾸덕해 잘 들어가지 않는다. 뜯어내듯 살을 발라내 입에 넣어본다. 속살은 부드럽고 겉은 꼬들꼬들한 식감이 살아 있어 씹는 재미가 있다. 그때 옆 테이블에서 "고추장 주세요"라는 소리가 들린다.

임은숙 사장(67)은 "오랜 단골은 꼭 고추장을 달라고 한다"며 "감칠맛 나는 고추장에 담백한 박대구이를 푹 찍어 먹으면 잘 어울린다"고 말했다.

박대찜은 빨간 양념에 박대와 고사리·고구마순을 함께 쪄낸다. 고춧가루·마늘·양파를 푹 끓여 숙성시킨 양념이 은근하게 매콤하다. 오

몸통 종잇장처럼 얇은 '박대', 10~12월 제철 비린내 적어.
껍질 벗겨 말렸다 구이·찜으로, 기름에 튀기듯 구우면 으뜸.
빨간 양념에 나물과 함께 쪄, 흰찰쌀보리밥과도 찰떡궁합.

흰찰쌀보리밥

그물에서 건져 올려 손질한 후 해풍에 말린 박대.

동통한 고사리는 식감을 책임지기도 하지만 특유의 향을 더해줘 맛을 다채롭게 해준다. 또 다른 군산 특산물 흰찰쌀보리로 지은 밥과 궁합이 잘 맞다.

지금은 반찬으로 내놓는 식당이 거의 없지만 박대는 본래 묵을 쒀 먹는 것으로도 유명하다. 박대 껍질을 오래 끓이면 걸쭉하게 응고되는데 옛날엔 이를 식혀 묵으로 만들었다. 비린 맛이 나서 호불호가 갈리지만 생선으로 묵을 만든다는 사실이 신기해 찾는 사람이 종종 있다.

임 사장은 "박대묵은 쉽게 상해 아무 때나 만들 순 없다"며 "눈이 펑펑 내리는 12~1월쯤 집에서 조금씩 만들어 먹던 음식"이라고 설명했다.

정신없이 박대를 발라 먹다가 다른 반찬으로 눈길을 옮긴다. 깻잎·열무·가지 모두 지역산 재료를 활용했다. 식당 바로 옆 군산시 로컬푸드직매장에서 가져온 싱싱한 재료로 반찬을 만든다. 특히 울외 장아찌는 군산 사람이라면 어렸을 때부터 매일같이 먹던 친숙한 음식이다. 이곳이 주산지인 울외는 참외처럼 길게 생겼다. 백제 시대부터 임금님 밥상에도 올라 고급 밑반찬으로 이름을 날렸단다. 또 갯벌에서 난 바지락으로 만든 조개 젓갈은 박대구이에 올려 먹으면 금상첨화다.

바위에 숨은 귀한 몸이랍니다

남원 '석이버섯전·백숙'

세상만사 구하기 어려운 것일수록 귀한 대접을 받는다. 금이나 다이아몬드 같은 보석이 그렇다. 세계 3대 진미로 꼽히는 송로버섯, 캐비아, 거위 간도 생산량이 적기에 비싸다. 이에 못지않게 구하기 어려운 별미가 또 있다. 바로 석이(石耳)버섯이다. 이름 그대로 바위에 붙어 자라나는, 사람 귀(耳)를 닮은 버섯이다.

예부터 지리산 자락에 있는 전북 남원시 산내면 와운골 사람들에겐 산나물이 주식이다. 대문 밖을 나서면 곧장 산과 들이었고 거기서 자란 온갖 푸성귀가 찬거리였다. 바구니 들고 집 근처만 돌아다니던 아낙과 달리 기운 넘치는 청년들은 멀리까지 나섰으니, 결국 깊은 산속 암벽에서 자라던 석이버섯까지 그네들의 손길이 닿았다.

와운골 토박이이자 3대째 살던 터에서 '누운골식당'을 운영하는 이완성 사장은 어릴 적 명절 차례상에 올라오던 석이버섯을 기억한다.

"석이버섯을 따 오면 어머니가 호되게 야단을 치셨어요. 회초리까

전북 남원시 산내면 누운골식당의 석이버섯전(아랫쪽부터)과 석이백숙. 어린 시절 명절 차례상에나 오르던 귀한 석이버섯 맛을 잊지 못한 이완성 사장이 손수 채취해 요리한다.

지 드시곤 하셨죠. 분명 위험한 바위에 올라 땄을 테니 다시는 가지 말라고 그러신 거겠죠. 석이버섯 따다가 다리가 부러졌다는 얘기가 종종 들렸거든요.”

산 타기에 노련한 이들도 하루 종일 산을 돌아다녀야 어른 손바닥만 한 것 서너 줌을 딴다. 그렇게 얻은 석이버섯은 나물로 무쳐 차례상에 올렸다. 차례가 끝나면 다른 나물과 섞어 비빔밥으로 먹었다. 한 젓가락씩 집어 먹을 양이 되지 않으니 이렇게나마 온 식구가 맛볼 수 있게 한 것이다.

이 사장은 26년 전 고향에 돌아와 추억을 떠올리며 재미 삼아 석이버섯을 채취했다. 그러다 맛있는 고향 음식을 여러 사람에게 보여주고 싶어 13년 전 식당을 열었다.

“석이버섯은 자라는 터도 터지만 따는 법도 까다로워요. 햇볕을 받아 마르면 손만 대도 부스러지거든요. 비가 온 다음날 습할 때 따야 온전한 것을 얻을 수 있어요. 1년에 1~2㎜ 자라니 지름 5㎝ 이상 되는 데만 10년이 넘게 걸립니다.”

누운골식당 특별 메뉴는 석이버섯전이다. 물에 불린 버섯에 부침가루 반죽을 묻혀 기름에 지져낸다. 전은 따끈할 때 부드럽게 찢긴다. 기름이 배어 고소한 맛은 남녀노소 좋아할 만하다. 어느 정도 식으면 젓가락으로 잘 찢어지지 않을 만큼 탄력이 생겨 마치 떡처럼 쫀득쫀득해진다. 그대로 먹어도 간간하지만 청양고추를 썰어 넣은 간장에 찍어 먹으면 더욱 감칠맛이 돈다.

석이버섯 향을 느끼고 싶다면 석이버섯백숙을 주문해보자. 석이버섯은 앞면은 새까맣고 뒷면은 푸르다. 이 때문에 국물이 살짝 연둣빛

돌에 붙어 자라고 사람 귀 닮아,
찾기 어렵고 채취법도 까다로워.
부쳐도 맛있고 국물맛도 그만.
전 식혀 쫀득한 식감 즐기기도.
백숙에 넣으면 나무 향 감돌아.

석이버섯은 앞면이 새까맣고 뒷면은 푸르다.

을 띤다. 백숙 국물을 한술 뜨면 비 온 뒤 숲처럼 무거운 나무 냄새가 난다. 돌이나 철에서 날 법한 향도 난다. 처음엔 낯선데 맛을 보면 금세 익숙해진다. 석이버섯 향과 맛 덕분에 국물이 개운하다. 육수에 익힌 석이버섯은 부드럽다. 비칠 만큼 얇게 뜬 수제비처럼 입에 넣으면 후루룩 넘어간다.

석이버섯은 철이 따로 없다. 다만 겨울엔 지리산 추위가 매서운 탓에 채취에 나서는 이가 별로 없어 수확량이 많지 않다. 버섯이 낙엽처럼 바싹 마르며 따기엔 어려운 탓이다. 석이버섯은 사시사철 존재감을 뽐내지만, 채취하기 좋은 철은 길지 않으니 석이버섯을 맛보려면 미리 전화로 확인하는 편이 낫다.

한 숟갈 뜨면 바다 향 물씬, 밥 먹는 재미 짭짤

부안 '곰소젓갈백반'

자타공인 흰쌀밥과 최고의 궁합을 자랑하는 밥도둑은 젓갈이다. 늘 상 다른 음식의 감칠맛을 올려주는 '신스틸러(Scene stealer · 주연 못지 않게 주목받는 조연)' 역할을 도맡는다. 이런 젓갈도 전북 부안군 진서면 곰소항 일대에서만큼은 당당히 주인공으로 나선다. 10여 가지 젓갈이 한 상 가득 나오는 '곰소젓갈백반'은 이곳에서만 먹을 수 있는 별미다.

부안은 곰삭은 젓갈 맛을 내는 천혜의 자연환경을 갖췄다. 우선 우리나라 3대 어장 중 하나인 '칠산 어장'과 맞닿아 있다. 갖은 해산물이 나는 황금어장을 끼고 있어 이를 활용한 다양한 요리법이 발달했다. 천일염 생산지 곰소염전도 젓갈 만드는 데 한몫한다. 지형 특성상 다른 곳에서 난 소금보다 미네랄 함량이 풍부하고, 쓴맛이 거의 나지 않는다.

1년 이상 간수를 뺀 소금에 버무린 싱싱한 해산물은 변산반도 골바람(낮 동안 햇볕에 가열된 골짜기 부근 공기가 위로 올라가며 부는 바람)과 서해 낙조를 받으며 전통 재래 방식으로 천천히 숙성된다.

전북 부안군 진서면 곰소항 '곰소궁삼대 젓갈' 식당에선 14가지 젓갈이 한 상으로 나온다.

이렇게 만든 젓갈은 다른 지역산보다 덜 짜고 담백한 것이 특징이다.

여러 문헌에 따르면 이곳에서 젓갈을 만들기 시작한 건 고려 시대부터다. 당시엔 그물을 쳤다 하면 끌려오는 조기를 말리고 염장해 가공품을 만들었다. 매콤하게 각종 양념장을 넣어 반찬으로 먹기 좋은 젓갈을 만들기 시작한 건 1960년대 지나서다. 이젠 명성이 전국으로 퍼져 매년 '부안 곰소 젓갈 축제'로 관광객을 맞이한다. 2023년은 10월 6일부터 8일까지 진행됐는데 곰소 젓갈을 활용한 요리 배우기, 새우젓 담그기 행사 등이 마련됐다.

곰소항을 거닐다보면 눈에 들어오는 모든 간판이 젓갈 판매장이다. 130여 곳 가게 중 가장 먼저 이곳에 들어서 97년째 영업을 이어오고 있는 '곰소궁삼대젓갈' 식당을 찾았다. 이곳은 젓갈 백반이 단일 메뉴다.

자리를 잡자마자 상 위에 14가지 젓갈이 끝없이 등장한다. 어리굴젓, 오징어젓, 꼴뚜기젓, 가리비젓, 통낙지젓, 비빔낙지젓, 창난젓, 명란젓, 오젓, 청어알젓, 갈치속젓, 토하젓, 멍게젓, 황석어젓이다. 무말랭이와 견과류 볶음, 묵은지와 깻잎장아찌까지 구성이 알차다.

종류가 많아 젓가락을 어디부터 대야 할지 모르겠다면 우선 가리비젓으로 시작해보자. 오독오독 조갯살이 씹히면서 끝맛은 달큼하다. 토하젓 역시 은은한 단맛이 나 입문자가 시도하기 좋다. 차진 밥을 한술 뜨고 이번엔 큼직한 꼴뚜기젓을 올려본다. 꼴뚜기 한 마리가 통째로 들어가 씹는 맛이 있다. 생각보다 비린 맛이 거의 없고 매콤함이 적당하다.

식당을 삼대째 운영하고 있는 오덕록 대표(70)가 "맛있게 먹는 비법은 참기름 한 방울 넣은 명란젓에 미역과 다진 마늘을 넣고 비빈 후 비빔 낙지젓을 섞어 먹는 것"이라며 "바다 향이 물씬 나는 멍게젓이

음식 감칠맛 올리는 '신스틸러', 곰소항 일대선 주요 반찬 대접.
천혜의 환경…14종류 상 올라, 전국 미식가 발길 끄는 별미.

부안 모항솔섬

나 젓갈의 진수를 보여주는 황석어젓은 곰삭은 맛이 짙게 나 제일 마지막에 먹는 걸 추천한다"고 말했다.

곰소 젓갈은 예로부터 어민들이 쉽게 구할 수 있는 재료로 매일같이 만들어 먹던 친근한 밑반찬이다. 이젠 귀한 맛을 알아보는 전국 미식가들이 먼 걸음을 해 찾아 먹는 별미가 됐다. 다가올 연휴 땐 서해 풍광을 감상하며 곰소 젓갈 맛에 빠져보는 것도 좋을 듯하다.

부드러운 조갯살 가득, 고소한 맛 풍부
부안 '백합죽'

예부터 전북 부안에선 결혼식 때 백합요리가 빠지질 않았다. 입을 잘 벌리지 않는 백합이 백년해로(百年偕老)를 상징한다고 여겼기 때문이다. 백합은 맛과 식감이 좋아 지역민에게 꾸준히 사랑받는다. 국에 넣으면 담백하고 개운한 것은 물론 과음으로 인한 숙취 해소에도 그만이다. 찜으로 만들면 쫄깃한 살을 골라 먹는 재미가 있다. 특히 다른 지역에서는 보기 힘든 백합죽은 미식가들이 멀리서 직접 찾아올 정도로 귀한 향토 음식이다.

부안군은 삼면이 바다로 둘러싸여 있어 갯벌에서 나는 식재료가 풍부하다. 2010년 군산·김제·부안을 이어주는 새만금방조제가 완공되기 전에는 갯벌에 나가 손을 뻗기만 하면 백합·바지락·가리비·피조개가 잡혔을 정도다.

"부안엔 변산반도국립공원이 있어 공장 같은 시설이 거의 없다"면서 "천혜의 자연환경 속에 서식하는 각종 신선한 조개를 활용해 다양

백합죽

한 음식으로 발전시켰다"고 군청 관계자는 전했다.

'조개 여왕'으로 통하는 백합은 식감이 부드럽고 비린내가 적어 호불호가 갈리지 않는다. 몸체인 껍데기 안에 개흙(갯바닥에 있는 고운 흙)도 많지 않아 지저분하게 씹히는 것이 없으므로 고급 식재료로 인정받는다. 5~6월 봄바람 부는 때가 제철인데 날이 따뜻해지면 갯벌 모래 속에 숨어 있던 백합이 고개를 쓱 내민다. 보통 해안선에서 좀 떨어져 있는데 '백합 그레(조개 잡는 갈퀴)'로 땅을 파헤쳐 잡는다.

'백합 보물창고'라고 불리는 계화도에서 나고 자란 이화숙 '계화회관' 대표(79)는 어렸을 때부터 자주 먹던 백합죽을 식당 대표 메뉴로 선정했다. 군은 이 대표가 1980년 개업한 행안면에 있는 식당을 향토음식점 1호로 지정하기도 했다.

백합죽을 만들려면 물에 불린 쌀을 볶다가 반쯤 익었을 때 따로 삶아놓은 백합을 잘게 썰어 같이 끓이면 된다. 이때 넣을 백합은 5~6㎝가 적당하다. 너무 크면 질겨서 음식 맛을 해치기 때문이다. 소금으로만 간을 하고 마지막에 참기름을 둘러주면 고소하고 부드러운 백합죽이 완성된다.

이 대표는 "다른 데선 죽에 당근·양파 같은 채소를 다져 넣는데, 우리는 채소 향이 조개 맛을 감출 수도 있기 때문에 넣지 않는다"며 "대신 부안에서 많이 나는 뽕잎 가루를 넣어서 조개 비린내를 잡아준다"고 설명했다.

백합죽만 먹기에 아쉽다면 구이·전·찜·탕으로 한상차림을 주문할 수도 있다. 계화회관에서 백합구이를 시키면 하나씩 포일로 감싼 백합이 나온다. 이렇게 구우면 조개 국물이 빠져나가지 않고 촉촉하게 향

타지역서 보기 힘든 귀한 음식, 미식가도 멀리서 직접 찾아와.
물에 불린 쌀만 따로 볶다가 삶은 백합 썰어 다 같이 끓여.
구이·전·찜·탕 등으로 먹기도, 몸 해독·간 기능 활성화 도움.

을 머금게 할 수 있다. 백합전은 반죽에 찰흑미를 갈아 넣어 구수한 맛을 냈다. 까무잡잡한 반죽에 파·양파·당근과 작은 백합을 통으로 넣어 바삭하게 굽는다. 특히 인정까지 받은 백합찜은 얼핏 아귀찜과 비슷하게 생겼다. 콩나물·버섯·미나리·파·양파·양배추를 볶다가 고추장·고춧가루를 넣고 삶은 백합을 추가해 만든 메뉴다. 아삭한 채소와 매콤한 양념이 조화를 이뤄 담백한 죽에 반찬처럼 곁들여 먹으면 별미다.

백합에 들어 있는 비타민B는 몸 해독 효과가 있을 뿐 아니라 간 기능 활성화에도 도움 준다. 철분도 풍부하게 들어 있어 악성빈혈이 있다면 꼭 챙겨 먹어야 하는 음식이다.

이 대표는 "죽이랑 전은 처음부터 만들던 음식이지만 찜은 20여 년 전 자식들이 레시피를 개발해줬다"며 "지속적으로 손님들 입맛에 맞는 새로운 메뉴를 연구해 차별화한 음식을 제공하고 싶다"고 포부를 밝혔다.

진한 국물에 시래기 매력
전주 '오모가리탕'

전북 전주시 완산구에 있는 한벽당은 조선 초기 전주천 변에 지어진 누각이다. 선조들은 한벽당에서 내려다보는 산과 물을 '한벽청연(寒碧晴煙)'이라 부르며 전주 8경으로 꼽았다. 경치 좋은 곳에서 신선놀음을 하려면 맛있는 음식이 빠질 수 없는 법. 여기서 탄생한 음식이 지금까지 전주를 대표하는 향토 음식으로 이어져 온다.

한벽당을 마주 보는 거리에 먹자골목이 있다. 근처에 가면 메뉴를 알기도 전에 입안에 침이 고인다. 천변을 따라 평상이 늘어선 모습 때문이다. 무더운 여름에 흐르는 물결을 보며 야외에서 먹는 밥은 메뉴가 무엇이든 맛있다.

이곳 대표 음식은 오모가리탕이다. 대개 음식 이름은 그 식재료에서 기인하는데, 오모가리탕만큼은 그릇에서 따왔다. 전주 사투리로 찌개나 탕을 끓일 때 쓰는, 속이 깊고 둥근 뚝배기를 오모가리라고 부른다.

그렇다면 재료는 무엇일까. 과거엔 전주천에서 잡은 갖가지 민물고

뚝배기에 끓이는 민물매운탕인 오모가리탕은 예부터 전북 전주 사람들이 즐겨 먹던 여름 보양식이다. 모든 민물고기가 재료가 되지만 그중에서 동자개매운탕이 특히 인기를 끈다.

기가 그 주인공이었다. 메기·동자개(빠가사리)·쏘가리 등을 넣고 푹 곤다. 민물매운탕이야 전국에 흔하지만 전주 오모가리탕이 그중 손꼽히는 이유는 깊고 진한 국물 맛 때문이다. 대부분의 매운탕은 넓고 얕은 전골냄비에 국물이 자작하게 끓이지만, 오모가리탕은 아주 깊은 그릇에 국물을 많이 잡고 조리한다.

민물고기는 흙냄새가 난다는 걱정은 여기선 할 필요가 없다. 깨끗한 물에 사는 민물고기라 워낙 비린내가 나지 않는 데다 깻잎과 들깻가루를 넉넉히 올려 잡냄새를 없앴다. 민물새우가 들어간 국물은 감칠맛이 깊다. 시래기는 마지막 맛의 비기다. 전주에선 무청과 우거지로 만든 시래기를 푸짐하게 넣는다. 구수한 맛은 살리고 부족한 씹는 맛은 채운다. 식이섬유가 풍부해 영양 면에서도 궁합이 좋다.

20년 전만 해도 전주천 변을 따라 오모가리탕 전문점이 즐비했다. 이후 환경이 나빠져 물고기가 줄고, 결국 어획이 금지되면서 가게들이 하나둘 떠났다. 지금은 노포 3곳만이 자리를 지킨다. 그중 원조집이라 자부하는 '한벽집'은 역사가 무려 80년에 이른다. 1대 사장인 어머니의 뒤를 이어 진만택 사장(70)이 운영하고 있다.

세월이 오래된 만큼 변화가 있다. 민물고기는 전주천 대신 인근 장성 등지에서 들여오고, 과거 갖가지 고기를 섞어 끓이던 것에서 어종별로 구분해 끓여내는 식으로 바뀌었다. 오랜 단골은 맛만큼은 옛날 그대로라고 전한다. 진 사장은 "초겨울이 되면 무청과 우거지를 사다가 천일염에 절여둔다"면서 "1년 정도 묵힌 시래기만 써서 국물맛이 개운하다"고 귀띔했다.

날이 더워지면 먹자골목 평상이 꽉 찬다. 손님은 가지각색이다. 3대가

일명 '빠가사리'로 불리는 동자개. 살이 차지고 부드럽다.

오모가리, '뚝배기' 뜻하는 전주 사투리.
메기 등 민물고기에 민물새우로 감칠맛.
여느 매운탕과 달리 국물 많은 게 특징.
시래기 넣어 구수함 살리고 씹는 맛 더해.
전주천서 경치 즐기며 먹으니 '신선놀음'.

초겨울이 되면 무청과 배추 우거지를 질 좋은 천일염에 염장해 1년 정도 묵혀 둔다. 이것을 넣어 끓여 오모가리탕의 국물맛이 개운하다.

모인 대가족부터 술잔을 기울이는 친구들, 인근 한옥마을을 찾은 관광객까지. 나이도 성별도 다르지만 먹는 모습만큼은 비슷하다. 오모가리탕 국물 한술에 전주천 변 경치 한번 보는 것. 시원한 자연과 함께 맛있는 향토 음식으로 속을 든든히 채우는 것만큼 좋은 피서가 또 있을까.

탱글탱글한 속살 입안서 톡톡

고흥 '피굴'

굴은 찬바람이 세질수록 통통히 살이 오르고 맛이 든다. 바다의 우유라는 별명답게 아연·칼슘·비타민 등 영양분이 풍부해 천연 자양 강장제로 불린다. 서해·남해를 가리지 않고 굴이 나는 지역마다 특색 있는 굴 요리가 발달했는데 그 가운데 전남 고흥의 피굴은 현지가 아니라면 맛보기 어려운 향토 음식이다.

고흥 사람에게 피굴은 특별할 것 없는 집밥 음식이다. 그러다보니 정해진 레시피도 없다. 만드는 사람의 입맛·손맛대로 요리한다. 굴을 껍데기(피·皮)째 삶아 국물이 뽀얗게 우러나면 알맹이를 따로 떼어낸다. 국물을 차게 식히고 떼어낸 굴을 담가 먹으면 된다. 집집이 개성은 고명에서 드러난다. 널리 알려진 것은 송송 썬 쪽파와 참깨다. 여기에 누구는 참기름이나 김 가루를 뿌리고 누구는 청양고추를 올려 얼큰하게 먹는다. 부족한 육수를 대신해 맹물을 추가하거나 다시마·멸치 등으로 뽑은 육수를 섞어 먹기도 한다.

지역민의 사랑을 듬뿍 받는 음식이지만 정작 정식 메뉴로 내놓는 식당은 많지 않다. 조리하는 데 품이 많이 들어서다. 아무리 껍데기를 깨끗이 씻는다고 해도 통째로 삶으면 국물에 불순물이 남기 마련이다. 이것을 식혀 침전물을 가라앉히고 웃물만 따라내는데, 먹기 좋은 상태가 될 때까지 이 과정을 여러 번 반복해야 한다. 그러다보니 대부분 저녁에 피굴을 만들어두고 다음날 먹게 된다.

고흥에서 나고 자란 정복만 씨(64)는 피굴이야말로 엄마가 가족을 위해 애정으로 장만하는 음식이라고 말한다.

"예전에 어머니는 찜통에 굴 속살이 위로 올라오게 조심히 쌓아 찌다가 껍데기에 국물이 차면 그것만 따라내서 육수를 잡았어요. 그래야 국물이 깨끗하니 맑고 진하니까요."

기껏해야 어린이 손바닥만 한 굴 껍데기에 국물이 생기면 얼마나 생길까. 그걸 먹을 만큼 모으는 것도 일인데 기껏 모은 국물이 흐르기 전에 꺼낼 수 있도록 불 앞에서 꼬박 기다리는 것도 대단한 정성이다. 피굴은 귀찮은 과정을 버텨야 맛볼 수 있는 진미다.

두원면에 있는 '다미식당'은 피굴을 내놓는 몇 안 되는 곳이다. 백반정식을 시키면 반찬으로 국물에 굴이 담겨 나온다. 숟가락으로 건더기와 국물을 한번에 떠 입에 넣는다. 탱글탱글한 식감과 국물의 감칠맛이 조화롭다.

낙지팥죽

고흥식 백반에 빠질 수 없는 음식이 또 있다. 역시 지역에서 흔히 먹는 낙지팥죽이다. 기력 보충에 좋은 낙지와 팥을 함께 조리해 나오

찬바람 불수록 살 오르는 굴, 껍데기째 삶아 속살만 떼내.
차게 식힌 국물에 넣어 먹어, 쪽파·참깨·김가루 고명으로.
겨울 보양식 '낙지팥죽' 별미.

진한 바다 향이 입맛을 돋우는 '피굴 한상차림'.
겨울철 기력을 보충하기에 좋은 보양식이다.

는데 겨울 보양식으로 그만이다. 이름만 들으면 고급 음식 같지만 실은 여기에도 비밀이 숨어 있다. 과거 크기가 커 질긴 낙지는 생이나 숙회로 먹기 어려웠는데 그걸 연해질 때까지 가마솥에 푹 삶아 먹는 것이다. 다소 떨어지는 재료를 현명하게 활용한 생활의 지혜가 돋보이는 대목이다.

피굴과 낙지팥죽은 항상 맛볼 수 있는 것은 아니다. 둘 다 손이 많이 가는 음식이라 여느 백반집이 그렇듯 주인장이 상황에 맞춰 찬으로 내놓는다. 그래서 미리 가기 전 확인을 하거나 예약을 하는 편이 좋다.

대나무 순 회무침, 대나무 향 밴 밥 竹이네!

담양 '죽순회 · 대통밥'

여름철 전남 담양 곳곳엔 대나무가 울창하다. 빽빽한 나무가 드리운 초록빛 그늘 아래서 댓잎 사이로 지나가는 바람 소리를 듣고 있으면 더위도 슬그머니 물러나는 듯하다. 담양에선 이 대나무를 맛과 향으로도 느낀다. 신선한 죽순을 매콤한 양념에 버무린 '죽순회'로 입맛을 돋우고 대나무 통에 지은 '대통밥'으로 그 향기를 만끽한다.

죽순은 대나무 땅속줄기에서 나오는 어린 순을 말한다. 죽순은 진한 갈색을 띠는 여러 겹의 껍질에 싸여 있다. 껍질을 벗기면 연노란색 죽순이 드러나는데 아직 자라지 않은 마디가 선명하게 보인다.

죽순은 제철이 4~6월인데 대나무 종류에 따라 조금씩 다르다. 국내에서 자라는 대나무 종류엔 맹종죽 · 분죽 · 왕죽 등이 있다. 4월 초에 가장 먼저 맹종죽이 자라고, 5~6월에 분죽(솜대), 6월 말부터는 왕죽(왕대)이 큰다. 담양에서 많이 나는 것은 분죽과 왕죽 죽순이다. 이들은 통통한 원뿔 모양인 맹종죽의 순에 비해 얇고 길며 훨씬 부드럽고

아삭한 식감을 가졌다.

땅의 기운을 듬뿍 받은 죽순은 예로부터 기력 회복에 좋은 식재료로 알려졌다. ≪동의보감≫엔 '죽순은 성질이 차고 맛이 달며 독이 없다'고 기록돼 있다. 이처럼 죽순의 찬 성분은 열을 내리는 데 탁월하고 단백질이 많아 피로한 몸을 회복하는 데 도움이 된다. 또한 죽순의 풍부한 수분과 섬유질은 장의 소화 기능을 도와 변비를 예방하고 이뇨 작용을 활발하게 한다.

죽순은 향이 강하지 않아 어느 요리에 넣어도 잘 어우러진다. 담양엔 죽순을 이용한 요리가 여럿 발달했다. 전이나 죽으로 먹고 들깨와 볶아 반찬으로 먹기도 하며 말려서 장아찌로도 담가 먹는다. 그 가운데서도 제철 죽순을 삶아 얇게 썬 뒤 초장에 찍어 먹거나 각종 채소와 버무려 죽순회로 먹는 게 가장 흔하다.

담양나들목 근처 한국대나무박물관 맞은편에 있는 식당 '송죽정'에선 35년 세월이 묻어나는 죽순 요리를 맛볼 수 있다. 어머니의 뒤를 이은 2대 사장 신경진 씨(28)는 요리에 사용하는 죽순을 보여준다며 식당 뒤편으로 안내했다. 넓은 창고에 커다란 고무 통 여러 개가 자리를 차지하고 있다. 고무 통을 열어보니 염장한 하얀 죽순이 가득하다. 죽순은 빨리 마르고 상하기 쉬워 대밭에서 캐자마자 삶아 먹거나 염장을 해서 보관해야 한단다.

"제철이 되면 동네 어른들이 대밭에서 캔 죽순을 사 가라는 전화가 물밀듯이 와요. 이때 새순이 올라온 지 얼마 안 된 30㎝ 미만 크기의 죽순만 한번에 20~30㎏씩 사서 삶아요. 옥수수수염 같은 구수하고 달큼한 향이 나면 꺼내서 찬물에 하루 정도 담가 놓죠. 찬물에 넣어놔야

땅기운 듬뿍 담긴 죽순 4~6월 채취,
단백질 함량 높아 기력 회복에 좋아.
얇게 잘라 채소·양념장에 버무린 회,
쌀·잡곡 넣고 찐 대통밥과 찰떡궁합.
장아찌 담그거나 들깨볶음으로도 딱.

대통밥. 대나무 안의 엷은 막
이 은은한 향을 선사 한다.

특유의 아린 맛이 빠지거든요. 그다음 왕소금에 염장해서 보관하면 1년 동안 부드러운 죽순을 먹을 수 있어요."

신선하게 보관된 죽순으로 죽순회를 만든다. 죽순을 먹기 좋은 크기로 얇게 자르고 참나물·우렁이·오이를 넣어 초고추장으로 만든 비법의 양념장에 버무리면 완성이다. 회무침과 비슷해 보이지만 생선회 대신 아삭한 죽순이 푸짐하게 들어간다.

죽순회 못지않게 귀한 음식이 하나 더 있다. 바로 대통밥이다. 대통밥은 굵은 대나무를 마디마디 잘라 그 안에 쌀·찹쌀·잡곡을 넣고 쪄낸 밥이다. 대통밥을 찌는 시간은 꽤 오래 걸린다. 한지로 입구를 감싼 대나무통을 25분 이상 압력밥솥에 찌고 10분 뜸을 들인다. 푸른색 대나무가 살짝 누런색을 띠면 꺼낸다. 대통밥 안쪽엔 대나무 막이 얇게 있는데 처음 본 사람은 한지가 붙어 있다고 착각할 정도다. 하지만 처음 채취한 대나무에서만 볼 수 있는 이 대나무 막은 대통밥의 향을 더욱 깊게 만든다.

죽순회와 대통밥이 한상 차려진다. 뜨거운 대통밥에서 나온 김 때문인지 은은한 대나무 향이 밥상에 깔린다. 궁금했던 죽순회를 먼저 집는다. 너무 달지 않은 매운 양념 맛이 혀를 스치고 이내 죽순이 아삭하게 씹힌다. 이 사이로 죽순의 촘촘한 결이 느껴지며 오래 씹으니 단맛이 올라온다. 삼삼한 죽순 맛에 참나물 향과 쫄깃한 우렁이가 잘 어울린다. 대통밥을 한술 뜨려고 잡으니 뜨거운 기운이 느껴진다. 찹쌀이 들어가 쫀득한 밥에 죽순들깨볶음·죽순된장찌개도 곁들여 먹어보자. 부드럽지만 아삭한 식감이 살아 있어 먹는 재미가 있다.

밥도둑, 가을 꽃게가 돌아왔다
목포 '꽃게살비빔밥'

아침 이슬이 맺히는 백로(9월 8일경) 무렵이면 무더웠던 여름이 저물고 가을이 서서히 다가선다. 전남 목포에서는 가을이 기다려지는 이유가 선선한 날씨와 단풍 때문만은 아니다. 살을 가득 품은 수꽃게가 입안에도 가을이 찾아왔음을 알려서다. 맵싸한 양념에 버무린 꽃게 살을 밥에 비빈 '꽃게살비빔밥'이 목포의 가을 별미다.

꽃게는 수심 20~30m 모랫바닥이나 갯벌 속에 서식하는 갑각류로, 우리나라는 서 · 남해에서 주로 서식한다. 다른 게와 달리 헤엄을 잘 치는 게 특징인데, 배를 젓는 노처럼 납작하게 생긴 네 번째 다리를 휘저으며 빠른 속도로 물속을 헤엄친다. 꽃게 산란기는 6~7월이다. 따라서 산란 직전 살이 오른 암꽃게는 봄철에, 수꽃게는 금어기를 넘긴 8월 말부터 11월 말 사이에 많이 찾는다.

비빔밥에 넣는 꽃게살무침엔 수꽃게만 사용하는데, 살이 무르지 않고 탱글탱글해 무침에 잘 어울린다. 요즘은 배에서 바로 급랭해 1년

꽃게살비빔밥에 해초를 넣어 식감을 더했다.

내내 수꽃게를 저장해서 먹을 수 있지만 생꽃게 살로 만드는 음식인 만큼 제철에 활꽃게로 맛보는 게 좋다.

꽃게는 여름 더위로 고갈된 기력을 회복시켜줄 바다의 보약으로도 불린다. 단백질 · 칼슘 · 비타민 등 필수 영양소뿐만 아니라 타우린도 풍부해 피로 해소에 효과적이다. 또한 게 껍데기에 함유된 키틴 성분은 체내 콜레스테롤을 낮추는 데 도움을 준다.

목포엔 민어 · 홍어 · 낙지 · 꽃게 등 서 · 남해의 풍부한 수산물에 남도의 손맛이 더해진 음식이 발달했다. 그 가운데 꽃게는 매운 양념에 버무려 무침으로 먹는다. 꽃게무침은 양념게장과 다르다. 양념게장은 물엿을 넣어 걸쭉한 양념에 꽃게를 숙성시켜 만들지만, 꽃게무침은 신선한 꽃게에 고춧가루를 버무려 곧바로 먹는 음식이다. 비유하자면 양념게장은 묵은지, 꽃게무침은 겉절이라고 할 수 있다.

양념이 묻은 꽃게를 껍데기째 씹으며 살을 발라 먹는 게 맛은 있지만 다소 불편하긴 하다. 40여 년 전 뱃사람들의 단골집이었던 목포항 근처 주점에선 손님들이 꽃게 살을 밥에 비벼 먹기 쉽게 발라서 양념해 내놓기 시작했고, 다른 식당에서도 비슷한 형태로 팔면서 꽃게살비빔밥이 목포의 대표적인 별미로 자리 잡게 됐다.

생꽃게 살을 그대로 넣은 음식이라 신선도가 매우 중요해 바다가 있는 지역이 아니면 맛보기 어렵다. 목포로 가족과 함께 여행을 온 이대영 씨(40 · 서울 강동구)는 "전남에 일이 있을 때 꼭 목포에 들러 꽃게살비빔밥을 먹고 간다"며 "꽃게 살을 입안 가득 느낄 수 있어 아이들도 정말 좋아하는 음식"이라고 말했다.

목포항 주변엔 꽃게살비빔밥을 맛볼 수 있는 식당이 몇 곳 있다. 꽃

금어기 끝나 살 꽉 차오른 수꽃게,
속 발라 고춧가루 넣고 '무침'으로.
녹진한 식감에 매콤 양념 꿀 조합,
키틴 성분은 콜레스테롤 수치 낮춰.
타우린 풍부 피로 해소에 효과적.

게무침 · 꽃게비빔밥 · 꽃게살비빔밥 등 이름은 조금씩 다르지만 모두 꽃게살무침을 푸짐하게 내놓는다.

꽃게살무침을 만들려면 딱딱한 껍데기에서 꽃게 살을 발라내는 것부터 해야 한다. 목포 상동에 있는 평화광장 근처에서 목포비빔밥전문점 '해빔'을 운영하는 김나영 씨(52)는 "꽃게 살을 바를 때 홍두깨로 밀면 껍데기가 들어가거나 살이 뭉개지기 때문에 일일이 다 손으로 해야 한다"고 설명했다. 고춧가루에 양파청 · 간장 · 액젓 등을 넣은 양념을 사용한다. 이어 곡물 가루를 추가해 매운맛을 중화시키는 과정을 거친다. 이 식당에선 꽃게살무침에 목포 바다에서 얻은 꼬시래기 · 돌가사리 · 다시마 등 8가지 해초를 함께 비벼 오독오독한 식감을 더했다.

참기름과 흰쌀밥을 담은 넓은 그릇과 꽃게살무침이 상 위에 오른다. 빨간 양념 사이로 희고 투명한 꽃게 살이 그대로 보인다. 꽃게살무침을 밥과 함께 비벼 먹기 전 숟가락으로 꽃게 살을 한술 크게 떠서 먹어본다. 많이 달지 않은 매운 양념이 코끝을 찡하게 한다. 이내 찰진 꽃게 살이 혀에 부드럽게 닿는다. 비린 맛 없이 녹진한 식감과 매콤한 양념이 조화롭다. 꽃게살무침을 밥에 비비면 게살과 내장이 밥알 사이로 스며들며 부드러워진다. 게살을 그대로 느끼고 싶다면 밥에 꽃게 살을 따로 얹어 먹어도 좋다. 비빔밥이 느끼하게 느껴질 때쯤 김에 싸서 먹어보자.

산해진미의 맛이 깊어가는 가을 바다를 감상하며 제철 꽃게 맛을 느껴보는 것도 좋을 듯하다.

전남 목포의 별미인 꽃게살비빔밥엔 흰 꽃게 살이 가득한 꽃게살무침이 들어간다. 찰진 수꽃게 살과 매운 양념이 조화를 이룬다.

제철 맞은 멸치 한 쌈…고소한 봄을 먹다
순천 '정어리쌈밥'

지역마다 봄을 알리는 음식이 있다. 전남 순천 '정어리쌈밥'이 그렇다. 정어리쌈밥은 멸치조림을 쌈 채소에 싸 먹는 음식으로, 멸치가 많이 잡히는 남해 근처 순천·여수·광양 일대에서 먹는다.

멸치조림을 싸 먹는 데 정어리쌈밥이라고 부르는 이유는 정어리와 멸치가 닮아서다. 정어리와 멸치는 모두 청어목 생선에 속하고 튀어나온 입과 은색 비늘을 가진 생김새가 비슷하다. 하지만 크기는 확연히 다르다. 정어리는 25㎝ 정도고 멸치는 아무리 커도 15㎝를 넘지 않아 크기로 구별할 수 있지만 아직 덜 자란 어린 정어리와 멸치는 혼동하기 쉽다. 그런 탓에 전남 일부에서는 크기가 큰 멸치를 정어리라 부르게 됐고, 지금의 정어리쌈밥으로 굳어졌다는 게 정설이다.

정어리쌈밥을 봄의 음식이라 부르는 이유는 무엇일까. 정어리와 햇고사리는 봄이 제철이라 이때 먹어야 가장 맛있다. 3월 중순~5월까지 남해안에서 잡히는 정어리(멸치)는 지방이 풍부해 부드러운 육질

정어리쌈밥. 상추 위에 밥, 고사리, 정어리(멸치)를 소담하게 쌓아 올렸다. 상추 사이로 조림 국물이 흐르지 않게 잘 싸서 입에 넣어야 한다.

과 고소한 맛이 일품이다. 멸치는 크기가 작은 순으로 세멸·소멸·중멸·대멸이라고 하는데 정어리쌈밥에 들어가는 건 대멸이다. 같은 시기에 나오는 햇고사리는 식감이 연하고 특유의 향을 잘 느낄 수 있다. 고사리는 씹는 맛이 좋아 고소한 정어리와 잘 어울린다.

순천에선 여행객이 많이 오가는 순천역 주변에 정어리쌈밥을 파는 백반집이 대여섯 군데 있다. 연향동 골목에 있는 '루디아쌈밥'은 소문난 정어리쌈밥 맛집이다. 정어리쌈밥을 찾는 손님이 많아 오후 2시가 넘으면 재료가 소진되므로 맛보기조차 힘들 정도다.

식당 주인인 엄정자 씨(63)는 손님상에 나갈 멸치를 손질하는 게 가장 큰일이란다. 가까운 바닷가 여수에서 정어리가 들어오면 머리와 내장을 일일이 떼어 손질한다. 말린 멸치가 아니라 생멸치로 만드는 요리라는 점에서 독보적이다.

"생멸치가 들어오는 날엔 손질하느라 시간을 다 써요. 한번에 10kg 정도 들어오는데 손질하는 데만 3시간이 훌쩍 넘지요. 손이 많이 가도 손님들이 봄이 되면 꼭 찾는 메뉴라 매년 내놓죠. 3~5월 제철에 먹어야 뼈가 안 빼시고('뻣뻣하고 억세다'의 전라도 방언) 맛있어요."

정성스레 손질한 정어리가 준비되면 다음은 햇고사리를 양념할 차례다. 봄에 나온 햇고사리를 재래식 된장·고춧가루·마늘을 넣고 양념이 잘 배어들도록 재워 둔다. 밥상에 올리기 전에 양념 된 고사리 위에 정어리를 한 움큼 올리고 물을 부어 보글보글 끓인다. 엄 사장은 옛날 어머니가 해주셨던 방식대로 미리 조려둔 큼지막한 무를 같이 넣고 끓인다.

"무를 넣으면 소화도 잘되고 채소의 달큼한 맛이 올라와 맛이 더 깊

머리와 내장을 손질한 정어리.

일부 지역에서 큰 멸치를 '정어리'라 불러.
3월 중순~5월 지방 많아 육질 부드러워.
양념한 햇고사리 넣고 끓이면 맛 일품.
무로 달큼함 추가…방아 잎이 비린 맛 잡아.

멸치조림 위에 방아잎을 올려 끓여보자.
매콤달콤한 양념 맛 끝에 향긋함이 맴돈다.

어져요. 정어리쌈밥엔 기본적으로 정어리랑 고사리가 들어가는데, 고사리 대신 우거지를 넣기도 하고 생선의 비린 맛을 잡는다고 제피(초피)가루나 후추를 넣기도 해요."

정어리쌈밥 한 상이 차려지자마자 익숙한 생선조림 냄새가 난다. 정어리쌈밥이라 하면 비릴 것 같다는 생각이 가장 먼저 스치지만, 신선한 정어리에 방아 잎을 더하면 등 푸른 생선 특유의 비린 맛이 깔끔하게 잡힌다. 방아 잎은 깻잎과 비슷한 모양인데 박하와 깻잎이 섞인 듯한 독특한 향이 난다. 중독성 있는 방아 잎 맛을 아는 사람은 맛있게 끓는 조림 위에 정어리가 보이지 않을 정도로 한가득 올려 먹는다.

숨이 죽은 방아 잎과 양념을 잔뜩 머금은 고사리, 그리고 통통하게 살 오른 정어리를 보니 군침이 돈다. 일단 밥에 올려 한입 먹어본다. 크기는 작지만 식감과 맛이 풍부하다. 잘 익은 고사리는 씹을 때마다 감칠맛이 느껴진다. 밥상은 '남도밥상'이라고 했던가. 상다리가 휘어질 정도로 반찬이 푸짐하게 나오지만 쌈만 싸기도 바쁘다. 상추 위에 고사리 한 줄기, 정어리 세 마리, 밥 한 숟갈과 방아 잎·마늘까지 넣으면 큼지막한 한 쌈 완성이다. 입안 가득 고소한 정어리와 육즙이 뿜어져 나오는 듯한 햇고사리를 음미해보자. 한동안 말이 없어도 괜찮다. 밥에 정어리조림을 한술 떠 비벼 먹는 것도 좋다.

국물만 우리고 버리던 정어리의 새로운 발견이 궁금하다면 봄철 주말 순천에 들러 정어리쌈밥을 맛보는 건 어떨까.

바다 맛 품은 새조개, 시금치에 싸서 한입

여수 '새조개+돌산시금치 샤부샤부'

연말 모임이 절정을 이루는 계절, 가족·지인들과 회포 푸는 자리를 더욱 특별하게 해줄 맛깔스러운 요리에 대한 관심이 높아진다. 미식의 고장 전남 여수에서는 멀리서 찾아온 귀한 손님을 맞이하기 위해 으레 '새조개 샤부샤부'를 내놓는다. 겨울 바다의 맛을 품은 제철 재료 새조개를 정갈한 차림새로 대접할 수 있어 믿고 먹는 한상이다.

새조개는 조갯살이 새의 부리 모양을 닮아서 붙은 이름이다. 보라색 조개껍데기를 벌리면 그 사이로 부리 긴 새가 빼꼼히 고개를 내밀듯 실한 조갯살이 등장한다. 담백한 맛이 닭고기와 비슷한데 유사한 조개인 '조합(鳥蛤)'을 닮아 이 명칭으로 불리기도 한다. 양식은 불가능하고 남해 쪽 청정 바다에서만 서식해 배를 타고 바다로 나가 바닥을 긁어 건져낸다. 1990년대 후반까지만 해도 여수 새조개는 일본으로 전량 수출되던 고급 어패류였다. 이때는 해안가 주민 일부만 알음알음 맛보다가 점차 그 맛이 입소문을 타고 널리 알려져 국내 소비가 늘었다.

여수에 있는 해산물식당에서 20년 가까이 일했다는 김경은 씨(55)는 "현지인들은 연말연시가 되면 수산물시장에서 새조개를 가득 사 집에서 샤부샤부를 해 먹는다"며 "멀리서 온 손님을 환대할 때는 꼭 식당 가서 격식 차리고 선보인다"고 설명했다.

새조개 샤부샤부는 여수의 자랑거리를 한자리에 모아놓은 종합선물세트 같은 요리다. 12월 말부터 1월까지만 맛볼 수 있는 실한 새조개가 큰 접시 가득 촘촘히 정렬돼 나온다. 그 옆에는 전국에서 알아주는 여수 돌산시금치가 산처럼 쌓여 짝꿍처럼 따라온다. 해풍을 맞고 자라 다른 시금치보다 단맛이 강하고 아삭아삭한 것이 특징이다. 배추·청경채·팽이버섯을 곁들여 먹는 것도 맛있지만 여수 특산물인 돌산시금치와 새조개를 따라갈 궁합은 없다.

먹을 때는 '7초 룰' 하나만 기억하면 된다. 무·배추·된장으로 시원하게 맛을 낸 육수를 팔팔 끓이면서 먹는데 여기에 새조개 한 점을 넣고 7초를 기다린다. 더 오래 놔두면 질겨지니 살이 오동통하게 부풀어 오르기 시작하면 바로 꺼내야 한다. 돌산시금치 역시 7초 동안 데친다. 숨이 죽은 시금치로 살짝 익힌 새조개를 감싸 초장에 찍어 먹으면 된다. 향긋한 시금치 향이 입안 가득 맴돌고, 쫄깃하고 탱글탱글한 조갯살은 씹다보면 끝에 달큰한 맛이 느껴진다.

김씨는 "여수 사람들은 연한 맛을 좋아해 3~4초 만에 꺼내 먹는데, 자주 먹어 버릇하지 않던 사람은 배탈이 날 수 있으니 충분히 익혀 먹는 걸 추천한다"고 말했다. 이어 그는 "다른 조개보다 살이 도톰해 씹는 맛이 있고 감칠맛이 탁월하다"며 "새조개 샤부샤부가 방송에 몇 번 나오더니 이제는 관광객 예약이 꽉 차 현지인들은 먹지도 못하는

연말연시 귀한 손님맞이 음식.
무·배추·된장 넣고 끓인 육수에 새조개·시금치 넣고 7초 데쳐.
초장 찍어 먹으면 감칠맛 탁월, 남은 국물 라면 끓여 먹기 필수.

상황이 됐다"고 웃었다.

한판 가득 놓여 있던 새조개를 다 먹어 치우고 자리에서 일어나려고 하자 김 씨가 놀라 붙잡는다. 여수 사람만 아는 이 요리의 하이라이트를 보여주겠다는 것. 조개의 향을 한가득 품고 있는 육수에 라면 한 개를 끓여 먹는 게 바로 그 비밀이다. 한 냄비 가득 바다 내음을 담은 연말 맛이 별미라고 할 수 있다.

한 해를 마무리할 때면 전국 방방곡곡에서 저마다 자신 있는 요리를 앞세워 관광객을 끌어모은다. 그중에서도 맛있게 살 오른 새조개는 때를 놓치면 맛보기 어려우니 잊지 말고 전남 여수에 들러야 한다. 여럿이서 둘러앉아 '하나, 둘, 셋…' 숫자를 읊조리며 연한 조갯살을 데쳐 먹는 재미는 덤이다.

김 씨는 "최근에는 도서·산간 지역 할 것 없이 택배 배송이 가능하지만, 샤부샤부는 싱싱함이 생명인 만큼 현지에서 먹는 것과는 비할 수 없다"며 "여수 돌산시금치까지 챙겨 먹어야 하니 꼭 산지에 와서 먹는 걸 추천한다"고 강조했다.

명절에나 맛보던 귀한 생선 찜하세요
영광 '덕자찜'

전남 영광에는 전국에 소문난 대도(大盜)가 있다. 그 정체는 나도 모르게 밥 한 공기를 뚝딱 비우게 하는 밥도둑, 법성포 굴비다. 여기에 그에 못지않은 도둑이 또 있으니 '덕자'다.

덕자는 병어 가운데 몸집이 큰 것을 따로 부르는 이름이다. 과거엔 전혀 다른 종으로 여겼는데 얼마 전 과학적으로 병어와 같은 종인 것이 확인됐다. 시중에 유통되는 병어의 몸길이는 30㎝ 안팎. 그 가운데 50㎝ 넘는 것을 덕자 혹은 덕자병어라고 부른다. 서해안에서만 나는 생선으로 맛이 좋고 살이 실해 먹거리로 더할 나위 없지만 어획량이 많지 않아 산지인 영광·목포·함평 등지에서만 즐겨 먹었다. 최근에는 그 맛을 안 중국에서 잡히는 족족 수입해 가 유통량이 더욱 줄어들었다.

보통 생선 이름은 '어' 혹은 '치' 자 돌림이다. 덕자는 사람 이름과 비슷하다. 유래에 재미난 사연이 몇 가지 있는데 그 가운데 하나가 이렇다. 옛날 어느 어부가 생선을 잡고 보니 생전 처음 보는 놈이라 마

전남 영광의 향토 음식 덕자찜. 6~9월이 살이 통통하게 올라 가장 맛 좋은데 몸길이 60㎝ 정도면 성인 4명이 먹기에 충분하다.

을 이장에게 가서 물었다. 이장이 "자네 막내딸 덕자를 닮았군" 하는 말을 듣고 이름을 붙였다는 설이다. 조금 더 믿음이 가는 건 두 번째다. '덕(德)'이란 한자는 '어진 마음' 외에도 '크다'는 의미를 지닌다. 뜻을 풀이하자면 후자인 덕자라는 명칭에 수긍이 간다.

덕자가 영광의 향토 음식으로 꼽히긴 하지만 누구나 흔히 즐겨 먹던 생선은 아니다. 값이 비싸 서민들이 맘 놓고 즐기기 어려웠다. 온 가족이 모이는 명절 차례상 혹은 잔칫상에나 올라갔다. 지금도 4인이 먹을 만한 크기는 10만 원을 훌쩍 넘는다. 그래도 돈 아깝다는 생각이 들지 않는 건 워낙 푸짐해서다.

지역민들은 주로 '덕자찜'을 먹는다. 이름은 찜이건만 조리법은 '조림'이다. 납작한 냄비에 감자를 담고 내장을 따 손질한 덕자를 올린 뒤 양념장을 넣어 졸인다. 영광읍에서 '올레식당'을 운영하는 박미옥 사장(53)은 "찜기에 올려 쪄내는 집도 있긴 한데 이곳 사람한테 덕자찜은 조림"이라면서 "옛날부터 그렇게 불러오던 게 지금껏 굳어졌다"고 설명했다.

잘 졸여진 매콤달콤한 국물에 포슬포슬한 생선살을 찍어 먹으면 간이 딱 맞다. 살이 차지고 담백해 밥이 술술 들어간다. 단골손님이자 토박이 이현주 씨(64)는 "비린 맛 때문에 다른 생선은 싫어하는데 덕자는 없어서 못 먹는다"면서 "호불호가 갈리지 않는 음식"이라고 했다.

덕자는 6~9월이 제철이다. 이때 알을 배고 살이 통통히 오른다. 9월 중순이 지나면 퍼석해져 맛이 없다. 석 달 동안만 맛볼 수 있는 별식이 바로 덕자회다. 병어는 뼈가 부드러워 뼈째 썰지만 덕자는 뼈가 억세 광어·우럭처럼 살만 발라 회를 뜬다. 특히 뱃살이 맛있다. 기름

서해서만 잡히는 대형 병어 '덕자'.
6~9월 제철…알 배고 살 통통.
이름은 찜이지만 매콤달콤한 조림.
비린 맛 없어 인기…회로도 즐겨.

제철에만 먹을 수 있는 덕자회. 다진 마늘, 다진 청양고추를 섞은 된장에 찍어 먹으면 풍미가 한층 더해진다.

기가 적당히 끼어 버터처럼 부드럽다.

길게 썬 회는 된장에 찍어 먹는다. 간장 대신 다진 마늘과 다진 청양 고추, 참기름을 듬뿍 섞은 집된장을 쓴다. 박 사장은 "전라도에선 회를 된장에 찍어 먹는다"며 "익숙지 않은 외지인에겐 고추냉이를 섞으라고 추천한다"고 귀띔했다.

또 한 가지 팁이라면 깻잎에 싸 먹는 방법이다. 생깻잎도 좋고 장아찌도 좋다. 고소한 깻잎 향과 바다 맛이 조화롭다.

영광에선 어느 백반집에 가도 젓갈 반찬을 곁들인다. 갯마을이라 질 좋은 해산물과 소금이 풍부해 자연히 젓갈류가 발달했다. 올레식당에선 요즘 밴댕이젓이 빠지지 않는다. 엄지손가락만 한 밴댕이를 소금에 절여 고춧가루 양념에 버무린 반찬이다. 특유의 쿰쿰하고 비릿한 생선 맛이 진하다. 처음 먹는 사람이라면 흠칫할 수 있는데 은근 중독성이 있어 계속 젓가락이 간다.

깻잎에 밥 한 술, 덕자찜과 밴댕이젓까지 올리면 그야말로 영광의 진미를 단번에 먹는 셈이다. 전문 식당이 아니라면 젓갈은 시기마다, 그리고 주인장 취향마다 바뀌어 나오니 '어떤 것을 먹겠다'는 욕심보다는 '무엇을 먹을까' 하는 기대를 하는 편이 좋다.

덕자회에 찜·젓갈까지 한상에 오르니 공기밥 하나로는 모자라다. 이 정도면 덕자 역시 몇 번이고 반갑게 맞이하고 싶은 밥도둑이 아닐까.

입안을 행복하게 하는 고소한 먹칠

장흥 '갑오징어먹찜'

멀리서 보면 까만 숯을 가져다 놓은 듯한 모양으로 호기심을 자극하는 향토 음식이 있다. 바로 전남 장흥의 원조 블랙 푸드 '갑오징어먹찜'이다. 처음 보는 강렬한 인상에 쉽게 젓가락을 들지 못하지만 은은하게 올라오는 바다 내음에 금세 군침이 돈다.

'갑오징어'는 흔히 먹는 '살오징어'와 분명한 차이가 있다. 우선 살오징어는 몸안에 투명하고 가느다란 뼈가 있으며, 머리끝이 뾰족하고 몸통과 머리의 비율이 비슷하다. 이와 달리 갑오징어는 몸안에 넓적한 뼈가 있다. 그 뼈가 마치 갑옷 같다 해서 이름도 갑(甲)오징어라 부른다. 몸통은 짧지만 머리가 길고 둥글며, 회갈색이 아닌 진한 자주색을 띤다. 수컷은 등쪽에 여러 겹의 선명한 물결무늬가 있고 암컷은 점박이 무늬가 있는 게 특징이다. 암수에 따른 맛 차이는 없고, 무늬는 물 밖에 나오면 점점 희미해져 구분이 어렵다.

갑오징어는 해수면부터 수심 100m 이상 되는 깊은 해저까지 넓은

전남 장흥군 안양면 사촌리 '여다지회마을'에서 갑오징어먹찜을 주문하면 2년 숙성된 묵은지가 함께 나온다.

영역에 걸쳐 서식하는데, 국내에선 장흥 · 여수 등 남해안 일대에서 많이 잡힌다. 봄철엔 장흥 노력도 앞바다에서 하루에도 수백 마리를 잡아 올린다. 산란기는 3월 말~5월 중순이며, 이때 잡히는 갑오징어가 크고 두툼해서 맛이 좋다.

갑오징어 먹물은 천연 조미료라 할 수 있다. 색과 농도가 진해 질감이 꾸덕꾸덕하고, 그 자체로도 짭짤한 감칠맛이 있어 해외에선 파스타 소스나 면을 만들 반죽에 넣기도 한다. 먹물을 뿜어내는 생물은 낙지·주꾸미·문어 등 많지만 갑오징어 먹물을 요리에 많이 쓰는 이유는 큰 먹통과 끈끈한 점성 때문이다. 갑오징어 한마리가 먹물을 쏘면 커다란 수족관 전체가 암흑처럼 변한다. 그만큼 많은 양의 먹물을 품고 있어 요리 재료로 쓰기에 충분하다. 밥알이나 식재료에 잘 달라붙는 점착력도 좋다. 문어 먹물처럼 물에 쉽게 씻겨 없어지지 않아 먹물 맛을 음식에 고스란히 담을 수 있다. 먹물은 상온에 두면 금방 비리고 고약한 냄새가 나니 요리할 땐 꼭 생물에서 나온 먹물을 사용하고 오래 보관하지 않는 게 좋다. 신선한 갑오징어일수록 색이 진하고 살이 단단하다.

드넓은 개펄이 펼쳐진 장흥군 안양면 사촌리에는 11년째 한자리를 지키고 있는 '여다지회마을'이 있다. 이곳의 주인장인 권재윤 대표는 갑오징어먹찜의 핵심은 찌는 시간이라고 설명한다.

"갑오징어먹찜 만드는 법은 별거 없어요. 신선한 갑오징어를 통째로 찌면 됩니다. 아무 양념도 하지 않고 찜통에 올려 30분 정도 쪄요. 속성으로 15분 만에 압력밥솥으로 찌기도 하는데, 찜통에 쪄야 살도 더 쫄깃하고 안에 내장과 먹통도 고소한 맛을 그대로 유지할 수 있죠."

3월 말~5월 중순 산란기, 살 두툼하고 맛 좋아.
30분 쪄내 부드러운 식감에 된장·묵은지 조합 이색적.
내장·먹통 감칠맛 일품…남은 재료는 볶음밥으로 마무리.

권 대표에 따르면 옛날 장흥 사람들은 가마솥에 나무를 걸쳐 놓고 그 위에 갑오징어를 올려 한 시간씩 푹 쪄서 먹었다고 한다. 오래 찌면 안에 있는 먹물이 퍼지지 않고 굳는데, 부드럽게 익은 살과 고소한 먹물의 조합이 일품이란다. 요즘 식당에서 파는 갑오징어먹찜은 갑오징어 살을 먹물에 소스처럼 묻혀 먹을 수 있도록 적당히 익힌다.

갓 쪄낸 갑오징어의 질긴 껍질과 뼈를 걷어내고 먹기 좋게 썬다. 갑오징어를 자르는 순간 까만 먹물이 흘러나온다. 먹물이 살에 묻지 않도록 깔끔하게 자르려면 칼날을 수시로 닦아가면서 썰어야 하는데, 수십 년 경력이 있는 권 대표도 쉽지 않단다.

먹물로 덮인 갑오징어 한 점을 집어 먹어본다. 쫄깃하고 두툼한 살점이 입안에 가득 찬다. 동시에 달걀노른자보다 고소한 먹물과 내장 맛이 퍼지는데, 먹물이 짭짤해 그냥 먹어도 간이 딱 맞는다.

다른 지역에선 오징어를 흔히 초장에 찍어 먹지만 장흥에선 재래식 된장에 찍어 먹는다. 함께 썰어 넣은 마늘과 고추가 알싸한 맛을 더한다. 색다른 조합을 원한다면 식당에서 직접 담근 2년 묵은 김치에 싸서 먹어보자. 톡 쏘는 묵은지와 부드러운 갑오징어먹찜이 찰떡궁합이다.

갑오징어먹물볶음밥

갑오징어를 다 먹고 남은 먹물로 만든 '갑오징어먹물볶음밥'도 빼놓을 수 없는 별미다. 철판에 갑오징어 먹물과 내장을 양파·호박·당근 등 갖가지 채소와 함께 볶는다. 게딱지장볶음밥처럼 내장과 먹물의 풍미가 밥알 하나하나를 감싼 듯하다. 철판에 눌어붙은 볶음밥 누룽지를 긁어 먹는 것도 재미다.

갑오징어를 다 먹고 남은 먹물로 만든 '갑오징어먹물볶음밥'도 빼놓을 수 없는 별미다.

갑오징어먹찜을 먹은 뒤 입가에 남은 까만 먹물 자국처럼 진한 추억을 남기러 주말에 장흥으로 떠나보는 건 어떨까?

뱃사람들이 자주 만들어 먹던 음식
장흥 '된장물회'

강원 강릉, 경북 포항, 제주 등 전국에서 물회가 유명한 곳은 많다. 얼음이 동동 떠 있는 물회 한 사발을 후루룩 먹으면 한여름 무더위도 한방에 날려버릴 수 있으니 알아주는 미식가라면 여름철 전국을 순회하며 물회 맛집을 찾아다니곤 한다. 그중에서도 전남 장흥엔 아는 사람만 아는 이색 향토 음식 '된장물회'가 있다.

된장물회는 장흥군 회진면 회진항에서 주로 먹던 음식이다. 장흥시외버스터미널에서도 남쪽으로 30㎞ 이상 더 내려가야 나오는 최남단 지역. 항구 주변 횟집 골목을 어슬렁거리자 한 어르신이 다가와 "여서(여기서) 들어가봐야 다 된장물회여"라며 "원래는 이쪽서만 먹던 별미인디 입소문이 나브렀는가 장흥 읍내까지 퍼져부렀지"라며 친근감을 보였다. 그는 "장흥 9미(味) 알제? 군에서도 글케 딱 못 박아부렀응께 이제 서울서도 찾아오네잉" 하고 덧붙인다.

이름과 달리 이 물회의 핵심은 된장이 아니다. 잘 익은 열무김치가

맛을 좌우한다. 김칫국물의 매콤새콤한 맛이 주인공이고, 집 된장의 쿰쿰한 맛이 전체적인 맛의 조화를 잡아준다. 보통 물회를 떠올리면 양배추·상추·깻잎·당근 등 각종 채소를 듬뿍 넣은 걸 생각하지만 된장물회에는 열무 말고 굳이 다른 채소를 넣지 않는다. 기껏 해봐야 매운맛을 더할 양파가 전부다. 이런 요리법은 과거 회진항 주변 뱃사람들이 일터에서 만들어 먹던 투박한 방식에서 유래됐다. 냉장 기술이 발달하지 않았던 시절, 집에서 싸간 열무김치가 금방 푹 익어버렸는데, 누군가 여기에 된장을 버무려 시큼한 맛을 잡고 갓 잡아 올린 생선을 회쳐 넣어 물회로 탄생시켰다. 오늘날 바뀐 거라곤 생선 종류밖에 없다. 지역민들끼리 먹을 땐 망둑어·조기·전어 등 잡히는 대로 썼지만, 이제는 타지에서 찾아오는 이들도 많아 비린내가 적은 광어·도다리·우럭 등을 활용한다.

30년 넘게 한자리를 지킨 노포 '청송횟집'에 들어가 된장물회를 주문했다. 얼핏 보면 맑은 된장국 같기도 한데 큼지막한 얼음이 떠 있어 생긴 것부터 생소하다. 한술 떠먹어보면 구수하면서 뒷맛이 깔끔하다. 싱싱한 광어회와 열무김치를 곁들여 맛을 본다. 아삭하게 씹히는 열무는 특유의 시원한 매운맛을 지니고 있어 입맛을 돋운다.

방미순 대표(66)는 "단골들은 여기에 청양고추 다진 것을 넣어 먹고 주방에 막걸리식초 한 사발을 달라고 혀서 부어 먹드라고"라며 더 맛있게 먹는 법을 소개한다.

된장물회는 소면보단 밥을 말아 먹는 것이 훨씬 잘 어울린다. 찬밥을 꾹꾹 눌러 밥알에 국물을 배게 한 다음 먹으면 된장의 깊은 맛이 입안 가득 맴돈다. 다른 물회가 새콤달콤한 맛에 첫술부터 강렬한 인상을 준다면 된장물회는 진하고 옹골찬 맛에 끊임없이 숟가락질을 하게 만드는 매력이 있다.

장흥편백숲

최남단 회진항의 향토 음식.
된장으로 김치 시큼함 잡고 갓 잡은 생선 회쳐서 넣어.
열무 '아삭' 씹으며 국물 '후룩'…숟가락질 멈출 수 없네.
청양고추 넣거나 밥 말아 즐기기도.

바다 뜸부기와 갈비탕의 조화
진도 '뜸북국'

'뜸부기' 하면 가장 먼저 떠오르는 것은? 아마 동요 '오빠 생각'이 아닐까. 첫 구절에 등장하는 '뜸북 뜸북 뜸북새 논에서 울고'를 기억하지 못하는 한국인은 거의 없다.

전남 진도에선 뜸부기가 바다에 산다. 이는 새가 아닌 해조(海藻)다. 모자반목 뜸부깃과에 속하는 갈조류를 '뜸부기·뜸북·듬부기'라고 부른다. 조선 시대 정약전이 쓴 어류학서 ≪자산어보≫에선 바위에 붙어 자란다고 '석기생(石寄生)'이라 했다. 얼핏 보면 톳과 비슷하게 생겼는데 조금 더 길쭉하고 큰 편이다. 맛은 담백하고, 씹으면 오독오독 탱글탱글하다.

예부터 이곳에선 큰일을 치를 때마다 돼지를 잡고 남은 뼈를 우린 육수에 뜸부기를 넣어 끓인 '뜸북국'을 먹었다. 고기를 적게 쓰고도 푸짐하게 육탕을 낼 수 있으니 손님을 치르기에 이만한 음식이 없었다. 토박이 어르신들은 잔칫날을 집 앞마당에 큰 솥을 걸고 온종일 뜸

'진도한우곰탕' 집에서 파는 뜸북국. 뜸부기가 뭉그러지지 않도록 갈비탕에 올리고 5분여 끓인 후 손님상에 낸다.

북국을 끓여 나눠 먹던 풍경으로 기억한다.

박주언 진도문화원장(76)은 "인자 옛날엔 농사가 다 끝나고 겨울에서야 결혼식을 했어요잉. 혼례날이 되믄 자기 집 마당에서 국을 끓였제. 날이 추워도 뜨끈한 국물 한 순갈이면 몸이 사르르 녹았다고. 어른들은 이게 없으믄 잔치가 아니라고 했응께"라고 그 시절을 회상했다.

좋은 날만 날일까. 제사상에도 뜸북국은 빠지지 않았다. 장례식장에서 며칠씩 밤을 새우는 사람들의 기운을 차리게 해줬다. 굿판이 벌어지는 날엔 구경꾼들의 귀한 요깃거리가 됐다. 진도 사람들에게 뜸북국이란 기쁨을 두 배로, 슬픔을 반으로 만들어주던 마법의 음식인 셈이다. 인생의 희로애락 굽이굽이를 함께했으니 이만한 솔푸드가 또 있을까.

세월이 흘러 마당 있는 시골집이 아파트로 바뀌고 경조사를 전문식장에서 치르면서 뜸북국 나눠 먹는 문화가 점차 사라졌다. 지금은 식당에서나 맛보는 별미가 됐다. 요즘 식당표 뜸북국은 갈비탕이 밑바탕이 된다. 두툼한 살코기와 갈빗대 위에 뜸부기를 곁들인다. 뼛국에 건더기라곤 뜸부기만 있던 시절을 떠올리면 참으로 호사스러운 변신이다. 이를 상술로만 보자면 억울한 면이 있다. 뜸부기부터가 예전과 위상이 다르다.

깨끗한 바다에서 자생하는 뜸부기는 과거 진도 근해에 흔했다. 바다가 개발되면서 30년 전부터 슬슬 자취를 감추더니 지금은 진도항에서 뱃길로 40분 걸리는 조도 부근에서만 소량 채취한다. 공급량이 줄어 가격은 크게 올랐다. 수확철인 6~8월엔 1㎏당 7만 원 선이고 철이 지나면 10만 원에 육박하기도 한다. 뜸부기 몸값을 생각하자면 돼지 뼈보다야 쇠고기가 어울려 보인다.

끓고 있는 갈비탕에 불린 뜸부기를 넣고 있다.

톳과 비슷한 갈조류 '뜸부기'를 돼지 뼈 육수에 넣고
끓인 음식. 잔치·장례 등 치를 때 나눠 먹어.
바다 개발로 공급량 줄어 값 올라, 요즘은 갈비탕에 넣어서 즐겨.
국물 느끼함 잡고 시원함 높여준다.

말린 뜸부기를 물에 불리면
끈적한 진액이 묻어 나온다.

조리법도 크게 바뀌었다. 옛 방식은 돼지 뼈와 뜸부기를 솥에 넣고 곰국 고듯 푹 끓인다. 뜸부기가 흐물흐물해지고 국물이 끈적한 것이 특징이다. 비릿한 바다 향도 센 편이다.

진도에서 맛집으로 꼽히는 식당 '진도한우곰탕'에선 뚝배기에 갈비탕을 담고 불린 뜸부기를 올려 5분여 부르르 끓여 낸다. 송은이 사장(58)은 "요새 사람들은 끈적하고 탁한 국물을 싫어한다"면서 "맑은 국물과 씹는 맛을 살리려고 개발한 방법"이라고 귀띔했다. 20~30대 여행객은 물론, 어르신들도 '요즘식'을 좋아한단다.

간단히 완성한다고 맛이 평범한 것은 아니다. 쇠고기미역국보다 바다 향이 강하지만 담백하고 깔끔함을 자랑한다. 뜸부기가 육수의 느끼함은 잡아주고 시원한 맛은 한층 높여준다. 해초를 싫어하는 이들도 즐길 수 있는 맛이다.

지역마다 오랜 시간 사람들의 마음을 달래준 향토 음식이 있다. 그 가운데 세월이 흐르면서 나이 지긋한 이들만이 추억하는 음식이 된 경우가 꽤 많다. 원형을 그대로 보존하는 것도 좋지만, 시대에 맞게 변하고 발전하면서 계속해서 사랑받는 것이 더욱 필요하겠다. 뜸북국이 뜸북갈비탕으로 변한 것처럼.

대구·부산·경상도

달성 '수구레국밥'
기장 말미잘매운탕
기장 앙장구밥/ 김천 갱시기
문경 족살찌개/ 상주 뽕잎한상
안동 건진국수/ 영덕 물가자미찌개
예천 태평추/ 울진 게짜박이
청송 달기백숙/ 거제 사백어
창원 아귀불고기/ 창원 찜국
통영 빼떼기죽/ 통영 해장음식
포항 당구국/ 하동 은어밥

새벽 장터 사람들 속 든든하게 데워 준 음식
달성 '수구레국밥'

장이 서면 사람이 모인다. 손님이 흥정하는 말소리와 상인의 호객 소리가 시끌벅적하게 활기를 띠고, 방앗간의 고소한 기름 냄새가 시장 입구까지 마중 나온다.

대구 달성군 현풍읍엔 매달 5일과 10일에 열리는 '현풍백년도깨비시장'이 있다. 일제강점기인 1918년에 개장해 100년이 넘는 세월을 보냈는데 조선 후기 현풍장 때부터 세어 보면 250년은 족히 넘는다.

1980년대까지 이곳엔 제법 큰 우시장이 있었다. 인근 경북 고령 · 청도, 경남 창녕 등지에서도 소를 사고팔려고 장이 서는 전날부터 사람과 소로 북적였다. 이 우시장 길목 좌판에서 부들부들한 수구레와 탱글탱글한 선지를 넣어 얼큰하게 끓인 '수구레국밥'은 이른 새벽부터 장터에 모인 사람들의 속을 든든하게 데워준 음식이다.

'수구레'는 소의 가죽과 살 사이에 붙은 쫄깃한 피부 근육이다. 소 한 마리에 2*kg* 미만으로 나오는 특수 부위로 지방이 거의 없고 대부

수구레국밥은 맵고, 얼큰하고,
강렬한 대구의 맛이다.

분 콜라겐과 젤라틴 성분이다. 따라서 관절 건강에 도움을 주고 낮은 열량에 콜레스테롤도 적어 부담이 없다. 풍미가 뛰어난 부위는 아니지만 씹을수록 고소하고 쫄깃한 식감을 느낄 수 있는 독특한 매력이 있다. 수구레로 만든 음식은 우시장이 있는 시골에서 종종 볼 수 있는데 대구 · 창녕 등 경상도 지역에선 '소구레'라고도 부르며 주로 국밥에 넣어 먹는다. 지금이야 옛 추억을 회상하거나 이색 음식으로 찾아 먹곤 하지만 고기가 귀했던 옛날엔 소고기를 대신하던 서민 음식이었다.

수구레는 손질하기 까다로운 부위다. 소가죽에 손상되지 않도록 수구레만 정교하게 잘라내야 하는데 손이 많이 가는 탓에 수구레를 파는 곳이 많이 줄었다. 수구레를 깨끗하게 씻는 일도 만만치 않다. 도축장에서 바로 받아온 수구레는 마치 생선 비늘처럼 미끈거리는 얇은 막 형태다. 이를 센 불에 삶으면 부풀어 오르며 꼬들꼬들해진다. 수구레가 고르게 팽창할 때까지 삶은 뒤 흐르는 물에 깨끗하게 씻어야 누린내가 나지 않는다.

상설 시장으로 재단장한 현풍시장 한쪽엔 10여 곳의 수구레국밥을 파는 식당이 줄지어 골목을 형성하고 있다. 식당마다 하얀 김을 폴폴 풍기는 가마솥은 지나가던 손님 발걸음을 멈추게 한다. 옛 향수가 진하게 느껴지는 '십이리할매소구레국밥'은 현풍시장에서 가장 오래된 식당이다. 벌써 70년이 훌쩍 넘은 식당은 2대 사장 이두연 씨(75)와 그의 딸들인 오지희(46) · 오미희 씨(43)가 함께 운영하고 있다. 커다란 가마솥 두 개에 보기만 해도 얼큰한 수구레국밥이 펄펄 끓고 있다. 이 사장은 깨끗하게 손질한 수구레와 직접 만든 선지만 있으면 맛이 난다고 설명한다.

수구레는 소 한 마리에 2㎏ 미만으로 나오는 특수 부위로 주로 국밥에 넣어 먹는다.

수구레볶음. 고춧가루 양념에 빠르게 볶아내 맵고 쫄깃하다.

수구레, 소의 가죽과 살 사이에 붙은 쫄깃한 피부 근육.
지방 거의 없고 대부분 콜라겐과 젤라틴 성분, 관절 건강 도움.
씹을수록 고소하고 쫄깃한 식감, 옛날 소고기 대신하던 서민 음식.

수구레국밥 한상차림.

수구레와 함께 선지를 넣어 끓여 국밥의 맛을 낸다.

식당마다 하얀 김을 폴폴 풍기는 가마솥이
지나가는 손님 발걸음을 멈추게 한다.

"수구레 · 선지 · 대파에 고춧가루 · 소금 기본양념만 넣어도 깊은 맛이 나요. 왼쪽 가마솥에서 딴딴했던 수구레가 아주 부들부들해질 때까지 1시간 이상 끓인 후 오른쪽 가마솥으로 옮겨 육수가 우러나게 계속 끓여주는 거예요. 옛날 좌판에서 팔 땐 우거지도 넣었는데 그땐 수구레도 귀하니까 나물로 양을 채운 거죠."

오래된 식당이지만 남녀노소 할 것 없이 찾아온다. 수구레국밥을 처음 먹어본 이들은 "수구레가 뭐예요?" "수구레는 처음 먹어보는데 냄새는 안 납니꺼?"라며 걱정 어린 질문을 던지지만 국밥을 비운 후엔 하나같이 이마에 맺힌 땀을 닦으며 "개않네요" 한다. 그 모습을 보니 맛이 더욱 궁금해진다.

수구레국밥은 주문과 동시에 커다란 국자로 가마솥을 깊게 휘휘 저은 뒤 오목한 뚝배기에 담는다. 마무리로 간 마늘 한 큰술, 잘게 썬 땡초(땡고추) 한 큰술을 수북하게 얹어 낸다. 선지와 수구레가 국물 위로 고개를 드러낼 만큼 푸짐하다. 먼저 국물 맛을 본다. 과연 대구의 맛이다. 맵고 얼큰하고 강렬하다. 수구레는 지방질 같기도, 푹 삶은 도가니 같기도 한 모양이다. 입에 넣으면 부드럽게 씹히다가 끝엔 쫄깃한 식감이 느껴진다. 잡내 없이 고소한 육즙이 선지와 잘 어울린다.

수구레 식감을 다양하게 느끼고 싶다면 수구레볶음과 수구레무침을 맛보면 된다. 수구레볶음은 고춧가루 양념에 빠르게 볶아내 쫄깃한 식감이다. 수구레무침은 삶은 수구레를 그대로 썰어 채소와 함께 초고추장 양념에 무쳐 내는데 힘줄처럼 식감이 오독오독하다.

펄펄 끓여낸 수구레국밥과 장터에 모인 사람들의 온기 때문일까. 기온이 차가워질수록 대구 현풍시장엔 훈훈한 공기가 느껴진다.

겉은 물컹, 속은 오도독…독특한 식감 매력
기장 '말미잘매운탕'

전국 향토 음식은 대개 지역에서 많이 나는 산물이나 곤궁한 시절 배를 채워주던 구황 작물로 조리한 것이 많다. 부산 기장의 향토 음식인 '말미잘매운탕'의 사연은 두 가지를 모두 비켜난다. 본래 이 고장 특산물은 바닷장어인 붕장어다. 붕장어는 주로 주낙으로 잡는데 이때 낚싯줄에 걸려 딸려오는 말미잘이 많았단다. 쓸 데는 없는데 버리기가 아까워 어찌할까 고민하다 탕에 넣어 먹던 것이 오늘날까지 이어졌다.

말미잘을 먹기 시작한 때는 20~30년 전이다. 당시 말미잘은 식재료로 쓰이지 않았고, 그렇다보니 맛이나 효능에 대해서도 알려진 바가 없었다. 초근목피로 연명할 만큼 어려운 형편은 아니었지만 그저 몸에 밴 우리네 알뜰함이 기어코 새로운 음식을 탄생시켰다.

말미잘매운탕은 일광읍 '학리해녀촌'이 유명하다. 그 가운데 2대째 운영 중인 '딸부자집'을 찾았다. 주문과 함께 곧바로 내놓은 말미잘매운탕은 낯선 이름과 달리 생김새가 익숙하다. 얼큰하게 끓는 탕이 입

붕장어를 푹 곤 육수에 한입 크기로 썬 말미잘을 넣은
말미잘매운탕. 얼큰한 국물에 방아 잎과 산초가루를
넣은 개운한 뒷맛이 일품이다.

안에 침을 고이게 하지만, 촉수 달린 말미잘이 숟가락 쥔 손을 멈칫거리게 한다. 이럴 땐 국물을 먼저 맛보는 게 상책이다.

국자로 속을 헤집으면 뽀얀 붕장어가 자태를 드러낸다. 전체적인 맛도 붕장어에서 비롯한다. 된장과 고춧가루를 푼 국물이 구수하면서 기름지다. 뒤이어 화하게 톡 쏘는 향긋함이 코끝에 맴돈다. 정체는 경남 지방에서 흔히 먹는 방아잎과 산초가루다. 덕분에 느끼하지 않고 개운하다. 입맛을 돋웠으니 말미잘을 맛볼 차례다. 먹기 좋은 크기로 썬 말미잘을 떠 입에 넣는다. 겉은 젤리처럼 물컹하고 안은 오도독 씹힌다. 도가니와 비슷하달까. 버터처럼 뭉개지는 붕장어와 달리 존재감이 뚜렷하다. 특별한 맛은 없지만 식감이 재밌어 자꾸 먹게 된다.

식당 주인 장유지 씨(41)는 "우리 동네에선 말미잘매운탕을 '십전대보탕'이라고 부른다"면서 "영양이 풍부하고 기력 회복에 효과가 있어서"라고 설명했다. 그의 말대로 말미잘매운탕은 한때 기장 해녀의 여름 보양식으로 통했다. 지금은 관광객이 먼저 찾는 요리이기도 하다. 따로 연구된 적은 없지만 지역민들은 말미잘이 위장과 간에 좋다고 입을 모은다. 술과 함께 먹으면 다음날 숙취가 없고 피곤함이 덜하다고. 포장마차를 중심으로 요리 전문점이 발달한 이유이기도 하다.

말미잘은 제철이 따로 없다. 붕장어를 낚을 때 얻어걸리는 터라 붕장어가 많이 잡히는 봄부터 가을까지 말미잘 역시 많이 난다. 어선이 갈치를 잡으러 나서는 겨울철에는 자연히 붕장어 어획량이 준다.

장씨는 "계절과 상관없이 주말이면 말미잘매운탕을 맛보러 온 손님들이 바글바글하다"고 말했다. 맛도 맛이지만 재밌는 경험과 추억을 선사하는 것이 향토 음식이 지닌 매력이자 사라지지 않도록 지켜야 할 이유다.

말미잘, 붕장어 주낙에 걸려서 딸려와.
버리기 아까워 탕에 넣어 먹어온 전통.
얼큰한 국물 개운한 뒷맛 일품.
기력 회복에 좋아 '해녀 보양식'으로.

말미잘

귀한 성게 알 듬뿍…반가운 가을 맛

기장 '앙장구밥'

추석이 지나면 바다 생물도 살이 차기 시작한다. 미식가들이 입을 모아 진미라고 극찬하는 성게도 그렇다. 성게는 육지에선 밥상에서 흔히 볼 수 없는 고급 식재료로 통한다. 해양 도시 부산에선 이 귀한 성게 알(성게 생식소)로 비빔밥을 해 먹는다. 바위틈에서 채취한 성게에서 얻은 진한 노란빛 성게 알을 아낌없이 대접에 넣어 밥에 쓱쓱 비벼 먹는 '앙장구밥'은 이곳 향토 음식이다.

'앙장구'는 부산에서 말똥성게를 부르는 이름이다. 성게는 우리나라 얕은 바다부터 수심 70m 아래에 있는 암초 사이에 넓게 서식하며 부산을 비롯해 제주 · 강원 지역 일대에서 주로 볼 수 있다. 국내엔 둥근성게 · 북쪽말똥성게 · 분홍성게 등 약 30종이 서식하는데 많이 식용하는 건 보라성게와 말똥성게다. 우리가 가장 쉽게 떠올리는 검보라색에 뾰족하고 긴 가시가 돋친 것이 보라성게다. 그만큼 생산량이 많아 가장 흔히 접할 수 있다. 제철은 5~8월 따뜻한 시기다. 반면 말

부산 기장군 '앙장구밥'. 가을·겨울에 제
철인 말똥성게를 입안 가득 맛볼 수 [illegible]

똥성게는 가을에 맛이 들기 시작해 늦은 겨울까지가 제철인데 1월 말부터는 쓴맛이 강해진다. 말똥을 닮아 이름이 붙은 말똥성게는 보라성게에 비해 작고 둥글다. 몸 전체가 진한 갈색 또는 올리브색을 띠고 가시 길이는 1㎝ 미만으로 마치 밤송이를 연상시킨다. 두 성게의 생식소는 색깔과 맛이 확연히 다르다. 보라성게는 옅은 노란색을 띠고 수분이 많은 단맛이 느껴진다. 말똥성게는 주황색에 가까우며 담백하고 쌉싸름한 맛이 매력이다. 바닷물이 차가워질 때 채취할 수 있는 말똥성게는 어획량이 적고 크기도 작아 더 귀하게 여겨진다.

부산 일광·송정·송도 해수욕장을 따라 이어지는 해안가 곳곳에선 싱싱한 성게 알을 무심하게 접시에 담아 파는 광경을 볼 수 있다. 기장 시장에서도 해녀가 직접 채취한 해산물을 손질해 판다. 10월이 되면 제철 말똥성게를 들고 나오는데 작은 숟가락으로 하나하나 정성스레 성게 알만 골라 내놓는다. 시장에서 생선을 파는 한 상인은 "말똥성게는 날씨가 추워질수록 맛이 좋다"며 "바다 건너 일본에서도 인기 있는 해산물이라 대부분 수출된다"고 설명했다.

정약전의 ≪자산어보≫에서 "맛이 달고, 날로 먹거나 국을 끓여 먹는다"고 기록된 것처럼 말똥성게는 예부터 다양한 조리법으로 그 풍미를 즐겼다. 부산에선 말똥성게를 달걀찜·죽·수제비·전·미역국 등으로 요리해 먹는다. 이 가운데서도 성게 알을 생으로 밥 위에 얹어 비벼 먹는 앙장구밥은 성게 특유의 향을 잘 느낄 수 있는 방법이다.

일광해수욕장 근처에 자리한 성게비빔밥전문점 '미청식당'은 앙장구밥 맛집으로 잘 알려져 있다. 이 식당의 최미향 사장은 "계절에 따라 앙장구밥에 들어가는 말똥성게 양이 달라진다"며 "겨울철을 제외

양장구밥은 기장 특산물인 미역에 싸서
갈치속젓을 살짝 넣어 먹어도 좋다.

주재료 말똥성게, 추워질수록 맛 좋아.
고슬고슬한 쌀밥에 참기름·김 가루와 쓱쓱.
녹진한 질감·향긋한 향이 입안에 가득.

골고루 비빈 양장구밥. 빈틈없이
고소하고 녹진한 맛이 일품이다.

하곤 보라성게를 함께 넣는데 보라성게의 단맛과 말똥성게의 담백하고 진한 맛이 잘 어울린다"고 설명한다.

앙장구밥은 따로 간을 하거나 양념을 얹을 필요 없다. 고슬고슬한 흰쌀밥 위에 참기름을 살짝 두른 뒤 성게 알을 한가득 올리면 된다. 마무리로 김 가루를 넣으면 고소하고 짭짤한 맛이 자연스럽게 더해진다.

성게 알

성게 알이 풍부하게 들어간 앙장구밥이 마침내 나왔다. 노랑 · 주황 성게 알이 조화롭다. 우선 알이 뭉개지지 않게 젓가락으로 살살 비빈다. 녹진한 질감이 느껴진다. 고루 비빈 앙장구밥을 입안에 넣으니 향긋한 성게 향이 가득 퍼진다. 해산물에서 쉽게 느낄 수 없는 향으로 마치 취나물 향이 떠오른다. 밥알을 모두 삼킨 뒤에도 그 향이 코에 머물러 있다.

다가오는 주말과 휴일엔 부산으로 떠나보자. 가시가 돋친 껍데기 속 황금 같은 알을 맛보면 선선해지는 날씨가 더욱 반가워진다.

죽도 밥도 아닌 추억의 별식

김천 '갱시기'

자작한 국물에 쫑쫑 썬 김치와 푹 퍼진 밥알, 여기에 콩나물 · 가래떡 · 국수가 한데 어우러진 다홍 빛깔 한 그릇. 익숙한 재료로 만든 낯선 이 음식 이름은 '갱시기'다. 갱시기는 김천에서 시작해 경북 전역에서 흔히 먹던 향토 음식이다.

가을걷이는 다 떨어지고 햇곡식은 나오기 전, 부엌에 있는 거라곤 곰삭은 김치와 찬밥뿐일 때 멸치육수에 남은 찬거리를 모두 넣고 한소끔 끓여 먹던 것이 기원이다. 이것저것 형편 되는 대로 섞어 끓인 터라 생김새는 떨떠름해도 맛은 좋다.

추운 겨울 뜨끈한 갱시기 한술이면 꽁꽁 언 몸이 스르륵 녹는다. 1950~1960년대를 경북에서 지낸 사람이라면 소박하지만 따뜻한 그 맛을 기억하고 있으리라.

갱시기는 이름부터 특이하다. 유래는 무엇일까? 정확한 내력은 알려진 바 없지만 문헌에 따르면 갱시기는 '갱식(羹食)'에서 나왔다. '갱

경북 김천시 대항면에 있는 식당
'기차길옆오막살이'의 갱시기.

(羹)'은 채소가 섞인 고깃국이란 뜻이다. 예부터 역촌이었던 김천엔 기차를 타려는 사람과 근처에 선 시장에 드나들던 사람이 많았다. 그들이 재빠르게 먹고 갈 수 있는 국밥 파는 곳도 흔했다. 당시 국밥 문화가 일반 가정집으로 퍼지면서 국밥이 갱식으로, 다시 갱시기가 됐다는 설이다. 완성된 밥을 한번 더 끓여낸 음식이라 '다시 갱(更)'자를 붙여 불렀다는 이야기도 전해진다. 생쌀을 불려 물에 넣고 끓이는 죽과 갱시기는 엄연히 다르다.

갱시기의 핵심은 김치와 밥이다. 그외 부재료는 각자 사정에 따른다. 다만 과거 집집이 길러 먹던 콩나물은 거의 빠지지 않았단다. 쌀로 만든 떡국떡은 소위 '있는 집'에서나 곁들일 수 있었다. 식구 많은 집에선 국수를 넣어 양을 늘렸고, 먹다 남은 나물을 더해 맛을 내기도 했다.

동네마다 집마다 재료가 조금씩 달랐고 부르는 이름도 갱죽 · 갱시기국 · 개양죽 · 갱생이죽 등으로 차이가 있었다. 다만 한 가지 공통점이 있었으니 곤궁한 시절 식구들을 배불리 먹이려고 궁여지책으로 만든 끼니란 점이다. 특별한 재료 없이 요리해도 꽤 맛이 좋았고 이거 하나면 반찬이 별달리 필요가 없었다. 궁핍한 살림에 이만한 음식이 또 있을까.

당연히 조리법도 간단하다. 육수에 묵은지 · 찬밥과 손에 집히는 대로 재료를 넣고 끓이기만 하면 된다. 소금과 간장으로 간하고 깔끔한 맛을 위해 참기름은 넣지 않는다. 보통 멸치육수를 쓰지만 사정이 여의치 않다면 맹물도 괜찮다. 양념이 쏙쏙 밴 김칫소가 국물 맛을 책임져줄 테니. 김천에선 갱시기에 감자나 고구마를 넣어 먹었다. 둘 다 겨울철 구하기 쉬운 구황 작물인데다 포만감이 좋아 오랫동안 속을 든든하게 해줘 없는 살림엔 더없이 고마운 식재료였다.

'역촌' 김천서 시작…경북 전역 흔히 먹어.
햇곡식 나오기 전 남은 찬거리 섞어 끓여.
김치·밥 '핵심'…콩나물 거의 빠지지 않아.
국수 넣어 양 늘리고 나물 더해 맛 내기도.
밥알 살아 있고 꿀떡 넘어갈 만큼 퍼져야.
김천식 갱시기는 고구마 넣어 건더기 푸짐.

지난 김장철에 담가둔 김치는 갱시기 맛을 좌우하는 핵심 재료다.

오미자는 자두·포도와 함께 김천의
특산물 중 하나다.

휘뚜루마뚜루 만들 수 있는 것이라지만 신경써야 할 점도 있다. 바로 시간이다. 갱시기 매력은 '죽도 밥도 아니라는 것'. 문자 그대로 죽이라기엔 밥알이 살아 있고, 밥이라기엔 몇 번 씹지 않아도 꿀떡 넘어갈 만큼 퍼져 있다. 밥을 많이 넣고 오래 끓이면 밥이 불면서 지나치게 빽빽해져 떠먹기 불편하다. 밥을 적게 넣어 살짝만 끓여내면 맑은 국물의 국밥이 된다. 정답은 없고 적당한 밥 양과 조리 시간을 찾는 것이 관건이다.

과거 어엿한 한끼 식사였다면 이젠 별식으로 평가받는다. 1970년대 들어 농촌 살림살이가 나아지자 농번기 새참으로 먹는 별미 대접을 받았다. 지금은 일반 가정 식탁에 자주 오르지 않는다. 보릿고개가 옛말이 된 것처럼 갱시기도 추억 속에나 있는 음식이 됐다. 전문으로 내놓는 식당도 크게 줄었다. 고깃집에서 서비스로 내놓는 정도다.

김천시 대항면에 있는 식당 '기차길옆오막살이'는 귀한 갱시기 맛집이다. 고구마를 넣어 건더기가 푸짐한 게 전형적인 김천식 맛이란다. 본래 토종닭백숙이 주력 메뉴였는데 단골손님 부탁으로 내놓던 것이 소문이 났다. 메뉴판에 없어도 알음알음 찾아오는 이들이 많다. 이곳은 멸치육수를 낼 때 한약재를 넣는 것이 특징이다. 또 단골손님 취향에 따라, 식당 냉장고 사정에 따라 레시피가 달라지는 점도 맛의 비결이다.

석탄 먼지 시달린 광부의 별식
문경 '족살찌개'

한때 경북 문경엔 국내에서 두 번째로 큰 탄광이 있었다. 이 탄광은 1994년 폐광될 때까지 30여 년간 석탄을 생산하며 지역 경제를 이끌었다. 세월이 흐르며 탄광은 사라지고 그 많던 광부도 온데간데없어졌지만, 문경 사람들의 삶 속엔 여전히 그 흔적이 남아 있다.

문경의 대표 향토 음식인 '족살찌개'는 이곳 탄광 역사와 궤를 함께 한다. 족살이란 약돌돼지의 앞다리살을 이른다. 과거 광산에선 약돌(거정석)을 채굴했다. 게르마늄·셀레늄 등 미네랄이 풍부한 광물이라 이를 가루로 만들어 돼지 사료에 섞어 먹였다. 약돌 사료를 섭취한 돼지는 육질이 쫄깃하고 누린내가 없다.

늘 석탄 먼지에 시달리던 광부들은 기름기가 많은 돼지고기를 먹으면 목에 낀 먼지를 없앨 수 있다고 믿었다. 그러려면 삼겹살 구이가 가장 효과적이었겠지만 당시 삼겹살은 비싸고 귀한 부위였으니, 값싼 앞다리살을 끊어다 찌개로 끓여 먹었다.

30여 년 전 광부들이 즐겨 먹던 족살찌개. 약돌(거정석) 사료를 먹은 약돌돼지 앞다리살을 푸짐하게 넣어 구수하고 얼큰하다. 중장년에겐 추억을 떠올리게 하고 청년에겐 흥미로운 향토사를 알게 해주는 음식이다.

"아버지가 광산에서 일하셨어요. 어릴 적 퇴근하시면 집에 와서 족살찌개를 드시던 모습이 눈에 선합니다."

문경읍에서 1대 사장이던 시어머니의 뒤를 이어 식당 '황토성'을 운영하는 황옥순 사장(47)은 고된 하루를 마치고 돌아온 아버지를 위한 별식으로 이 족살찌개가 상에 오르던 저녁식사 풍경을 기억한다. 요즘도 식당을 찾은 나이 지긋한 어르신들이 반갑다며 족살찌개를 주문하고선 "옛날에 먹던 그 맛"이라고 인사를 건넬 때마다 옛 추억이 떠오른단다.

이 식당의 조리 비법은 국물에 있다. 약돌돼지 등뼈로 끓인 육수에 직접 담근 고추장을 풀어 맛을 낸다. 또 족살은 비계 비율이 높은 편이라 고깃국이 기름지고 진하다. 원형은 족살과 감자·두부만 들어갔는데 지금은 팽이버섯·느타리버섯 등도 더했다. 대파도 큼직하게 썰어 넣는다. 씹는 맛이 다채롭고 채소가 우러난 국물이 달큼하고 깔끔하다.

족살찌개가 상 위에 올랐다. 얼큰한 찌개를 좋아하지 않는 한국인이 있을까. 보글보글 끓는 것을 보니 침이 고인다. 흰쌀밥 한술에 찌개 한술. 고기·두부·버섯을 한번에 크게 떠먹어야 제맛이다.

밥을 반 공기 정도 비우니 황 사장이 "밥에 감자를 으깨 비벼 먹으라"며 먹팁(맛있게 먹는 방법)을 귀띔한다. 극강의 구수함이 계속 입맛을 당긴다. 또 하나의 숨은 팁은 찌개 속 고기를 건져 쌈에 싸 먹는 것. 푹 익어 흐물거리는 족살은 특히 찐 양배추 잎과 잘 어울린다.

옛 문경 사람들에게 족살찌개는 고된 하루를 달래주던 솔푸드였다. 오늘날 젊은 세대에겐 부모님 이야기를 떠올리게 하는 별미로 통한다. 그 위상이 어떻게 바뀌었든 향토사를 품은 음식으로 오래오래 이어질 먹거리라는 건 변함없다.

30년 탄광 역사와 궤를 같이 한 음식.
약돌돼지 등뼈로 육수 끓이고, 족살·감자·두부에
고추장 풀어, 찌개 한술 올리면 흰쌀밥 술술.

고향의 맛 가득 봄철 건강 듬뿍

상주 '뽕잎한상'

경북 상주는 기름진 땅에서 재배한 쌀, 하얀 누에고치, 흰 당분 가루가 뒤덮은 곶감이 유명해 '삼백(三白)의 고장'으로 불린다. 특히 뽕나무를 재배해 누에고치를 생산하는 양잠(養蠶) 산업이 최고로 발달했다. 양잠 전성기였던 1970년대엔 집집이 뽕나무를 키웠고, 뽕잎으로 요리를 해 먹는 건 일상이었다. 화학 섬유가 등장하고 양잠은 점점 사라져 갔지만 뽕잎으로 만든 음식은 아직도 상주의 '고향 맛'으로 남아 있다.

뽕잎이 돋아나는 시기는 5월 초~6월 초다. 새순이 돋으면 맨 위부터 채취해 바로 먹으면 된다. 봄이 지나가면 구경하기 힘든 뽕잎이지만 제철에 뽕잎을 뜯어 삶은 뒤 하루 동안 꼬박 말려 저온 창고에 보관하면 일 년 내내 먹을 수 있다. 뽕잎은 콩 다음으로 단백질이 많은데 함량이 30%가 넘어 누에가 뽕잎만 먹고도 비단을 만드는 명주실을 뽑아낼 정도다. 여러 종류의 아미노산과 비타민 함량이 높고 식이섬유도 녹차보다 5배 많아 장 건강과 면역력 강화에 도움을 준다. 이밖에

보기만 해도 건강해지는 경북 상주의 뽕잎한상. 뽕잎돌솥밥에 함께 나온 뽕잎 반찬을 한번씩 결들여 먹으면 밥 한 공기가 부족하다.

도 성인병 예방, 항산화 효과 등 연구를 통해 밝혀진 효능이 다양하다.

이렇게 뛰어난 효능을 알아보고 뽕잎을 먹기 시작한 건 아주 오래 전부터다. 중국 최초 약물학 서적인 ≪신농본초경≫엔 뽕잎과 뽕나무 뿌리를 약재로 쓰면 좋다는 기록이 있다. 조선 시대 의학서적 ≪동의보감≫엔 뽕나무 잎은 말려 가루로 빻아 먹고, 가지는 볶아서 달여 먹고, 뿌리는 삶은 물을 먹는 등 뽕나무를 섭취하는 방법에 대한 내용이 나와 있다.

뽕잎은 만병통치약 같은 귀한 약재로 여겨졌지만 상주에선 집 앞에서 쉽게 구할 수 있는 음식 재료이기도 했다. 뽕잎 가루를 넣어 뽕잎칼국수도 해 먹고, 뽕잎장아찌를 담가 반찬으로 먹기도 한다. 이처럼 소소하게 먹는 집밥 요리다보니 외지인이 제대로 뽕잎 요리를 맛볼 수 있는 곳은 흔치 않다. 상주 시내에서 10분 거리에 있는 식당 '두락'은 뽕잎한상을 제대로 차려 내는 뽕잎전문점이다. 식당 주인 남금숙 씨(65)는 어릴 때부터 뽕잎 맛을 알고 자란 상주 토박이다.

"옛날 할머니가 가마솥에 덖어준 뽕잎 맛을 잊을 수가 없어요. 생뽕잎을 씻어서 가마솥에 들기름이랑 집 간장만 조금 넣고 볶으면 고소하고 저절로 입맛이 돌 만큼 감칠맛이 나요. 항상 생각나는 추억의 맛이죠."

뽕잎을 이용한 다양한 요리 가운데 뽕잎 향을 가장 많이 느낄 수 있는 건 뽕잎돌솥밥이다. 말린 뽕잎을 불려 살짝 삶은 후 들기름에 살살 볶는다. 돌솥에 깨끗이 씻은 쌀을 넣고 그 위에 볶은 뽕잎을 가득 얹어 밥을 짓는다. 17분 정도 기다리면 김이 모락모락 나는 뽕잎밥이 완성된다. 초봄까진 저온창고에 보관한 말린 뽕잎을 넣지만 봄에 갓 따온 뽕잎을 사용하면 훨씬 부드러운 식감을 느낄 수 있단다. 15년 넘게

단백질·비타민·식이섬유 등 풍부.
약재 달인 물로 지은 뽕잎돌솥밥에
장아찌·떡갈비·묵 곁들이면 '활력'.

뽕잎묵 뽕잎장아찌

뽕잎떡갈비

약선(藥膳) 요리를 공부한 남 씨는 약재 달인 물로 뽕잎돌솥밥을 짓고, 성별에 따라 약재 종류도 달리한다.

"뽕잎은 피를 맑게 하고 몸의 열을 내려주는 찬 성질이 있어요. 그래서 밥을 할 때 따뜻한 성질을 가진 약재 달인 물을 넣어서 중화 작용을 해 효능을 올려주는 거죠. 그 효능에 따라 남자 밥과 여자 밥을 다르게 짓는데, 남자 밥엔 삼지구엽초, 여자 밥엔 당귀를 넣어요."

뽕잎돌솥밥을 비롯해 뽕잎 장아찌 · 떡갈비 · 묵 · 식혜 등 뽕잎한상이 상다리가 휠 정도로 차려진다. 먼저 돌솥밥 뚜껑을 여니 향긋한 뽕잎 내음이 얼굴을 감싼다. 뽕잎을 밥과 살살 섞어 그릇에 옮기고 간장을 조금 넣어 비벼 먹어본다. 쫀득한 밥알과 부드럽게 씹히는 뽕잎이 조화롭다. 곱게 다진 오리고기에 뽕잎 가루를 넣어 만든 떡갈비, 약재를 달인 물에 뽕잎 가루가 들어간 쫀득한 뽕잎묵 등 밥상에 올라온 여러 반찬을 한입씩 먹다보면 금세 밥 한 공기가 비워진다. 돌솥밥을 먹을 때 빼놓을 수 없는 별미는 누룽지다. 뜨거운 물을 부어 숭늉이 된 누룽지 한술에 뽕잎장아찌와 곶감장아찌를 얹어 먹으니 궁합이 좋다. 살얼음이 낀 달큼한 뽕잎식혜로 마무리까지 하고 나면 뽕잎 효과 때문인지 온몸에 피가 도는 듯하다.

뽕잎한상은 그야말로 보약과 다름없다. 면역력이 떨어지는 봄철에 뽕잎한상으로 맛도, 건강도 챙겨보자.

반죽 얇게 더 얇게… 귀한 손님 한 분이라도 더 대접

안동 '건진국수'

안동은 양반 도시라 그런지 향토 음식에도 반가(班家) 문화가 서려 있다. 대표적인 것이 건진국수다. 양반가 잔칫날이나 여름철 귀한 손님을 모실 때 내놓던 음식으로 재료 준비부터 상을 차리기까지 들이는 정성이 이만저만 아니다.

건진국수는 면발 뽑기부터 특색 있다. 밀가루와 콩가루를 7대3 비율로 섞어서 제면한다. 예부터 안동엔 논보다 밭이 많았다. 밀은 귀했고 콩은 흔했다. 비싼 밀가루와 값싼 콩가루를 섞어 형편을 맞춘 셈이다. 다만 콩가루는 찰기가 부족해 반죽하는 데 품이 많이 들었다. 한두 시간을 꼬박 힘 있게 치대고 하룻밤 동안 숙성을 해야 겨우 반죽이 존득하고 매끈해진다.

면발은 얇고 가늘수록 최고로 친다. 주부들은 족히 1m는 넘는 홍두깨로 반죽이 그만큼 넓어지도록 밀고 또 밀었다. 과장을 조금 보태 반죽을 신문지 위에 놨을 때 글자가 보일 정도로 홍두깨질을 반복했단

북어보푸라기와 안동식혜를 곁들인 '예미정'의 건진국수 한상 차림. 국수에 간장 양념장을 넣으면 국물 맛이 한층 깊어진다.

다. 안동 1호 조리기능장인 박정남 종가음식연구원장(53)은 "반죽을 얇게 미는 것이 종부의 솜씨"라면서 그 이유를 설명했다.

"음식을 준비하다가 손님이 한 분 더 오시면 반죽을 펼쳐서 한 번 더 밀었대요. 그럼 반죽이 얇아지면서 넓어지잖아요. 한 그릇치 면발을 추가로 뽑아낼 수 있는 거예요. 한정된 재료로 어떻게든 손님을 대접하려는 종부의 지혜가 엿보이지요."

면발은 끓는 물에 삶은 다음 곧바로 찬물에 담갔다가 건진다. 그래서 이름이 '건진'국수다. 찬물에 헹군 면은 빨리 붇지 않는다. 한번에 잔뜩 준비해두고 손님이 올 때마다 육수를 부어 내놓을 수 있으니 고단한 종부에게도 고마운 음식이었을 테다.

장국은 은어를 달여 썼다. 내륙 지방인 안동에선 신선한 바닷고기를 구하기 어려웠다. 은어는 여름이 제철인데 과거엔 6월에 들어서면 "두 손으로 낙동강 물을 뜨면 은어가 잡혔다"고 할 만큼 은어가 흔했다. 게다가 민물고기여도 비린내가 없고 국물을 내면 맛이 담백하고 개운하다. 차갑게 씻은 국숫발에 뜨끈한 장국을 부으면 금세 국물이 미지근하게 식었다. 얼음까지 동동 띄워내면 더욱 맛이 좋았다. 어찌 보면 양반가 냉면이자 피서 음식이었던 셈이다.

지금은 은어가 귀해진 탓에 전통 방식으로 건진국수를 만들어 파는 식당이 별로 없다. 대개 멸치를 쓴다.

정상동에 있는 '예미정'은 옛 조리법을 고수한다. 자연산 은어를 말려두고 일 년 내내 쓴다. 반죽도 손수 한다.

곁들이는 찬거리도 예스럽다. 그 가운데 '북어보푸라기'는 이 지역에서만 볼 수 있는 먹거리다. 북어를 숟가락으로 긁어 보풀처럼 만든

안동식혜

안동식혜 재료인 고두밥, 엿기름 물, 다진 생강, 고춧가루.

양반가 잔칫날 내놓던 음식, 여름철 손님 접대에도 제격.
밀가루에 콩가루 섞어 반죽, 한두 시간 치대고 하루 숙성.
면발은 얇고 가늘수록 최고, 면 삶은 후 찬물 담갔다 건져.
은어 달인 장국 붓고 얼음도, '북어보푸라기' 입안서 사르르.
'안동식혜' 알싸하고 달짝지근.

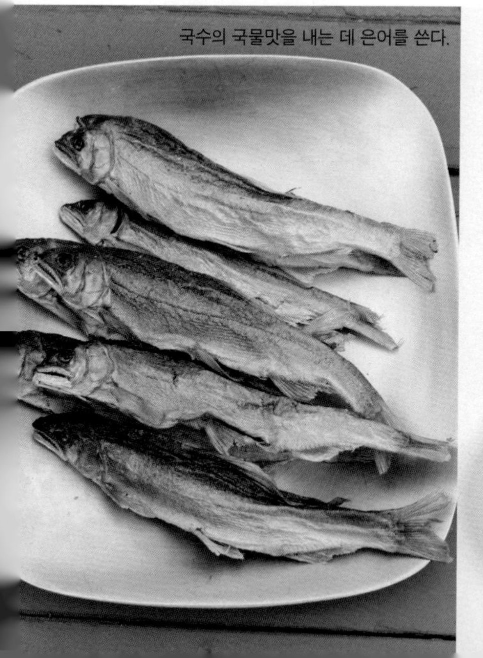
국수의 국물맛을 내는 데 은어를 쓴다.

북어보푸라기

박정남 종가음식연구원장이 건진국수를 뽑기 전 반죽을 하고 있다. 물을 조금씩 뿌려가며 치대자 금세 찰기가 돈다.

뒤 간장·고춧가루·설탕·참기름에 조물조물 무친 반찬이다. 안동에선 제상에 말린 생선이 꼭 올라갔는데 제사를 마치고 그걸 활용한 것이다. 잘게 부서진 북어는 입에 넣자마자 풀어져 씹기도 전에 꿀떡 넘어간다. 얼마나 부드러운지 치아가 없는 어르신도 먹기 편하다고 해서 '효도 음식'이라고 불렀다.

안동식혜

후식으로 나오는 안동식혜도 별미다. 지금도 집집마다 만들어 먹을 만큼 지역민에게 사랑받는 음료다. 찹쌀고두밥과 잘게 썬 무를 버무린 다음 앙금을 가라앉힌 엿기름물을 붓는다. 거기에 다진 생강과 고춧가루를 넣는다. 그 상태로 2~3일 숙성하면 완성이다. 붉은 빛깔 탓에 나박김치처럼 보이지만 맛은 간식에 더 가깝다. 고춧가루는 색을 내는 역할일 뿐 맛은 달짝지근한 엿기름과 알싸한 생강이 책임진다. 무가 시원한 맛까지 더하니 오묘하면서도 조화롭다. 박 원장은 "생강과 고춧가루를 면 주머니에 담아 엿기름물에 짜낸다"며 "그러면 국물이 맑아 마시기가 편하다"고 비법을 알려줬다. 완성한 안동식혜는 일주일 사이에 모두 먹어야 한다. 계속 발효가 되므로 시간이 지나면 쉬어버린다.

뽀얀 생선살, 얼큰한 국물
영덕 '물가자미찌개'

경북 영덕에서 강구항과 함께 2대 항구로 꼽히는 축산항은 올해로 개항 100년을 맞았다. 축산항 일대에서 많이 잡히는 물가자미는 아는 사람만 아는 영덕 특산물이다. 외지인들은 영덕 하면 대게를 가장 먼저 떠올리지만 이곳 사람들은 고향의 맛으로 물가자미를 꼽는다. 시장에서 싼값으로 손쉽게 구할 수 있는 재료인 만큼 영덕 사람들 밥상에 늘 오르는 단골손님이다. 그중에서도 요리법이 간단하고 자꾸 손이 가는 '물가자미찌개'가 대표 음식이다.

영덕에서 물가자미를 부르는 원래 이름은 '미주구리'다. 미주구리 어원을 찾아보면 일본어 미즈가레이(みずがれい)에서 유래했다는 설이 지배적이다. 일본어 '미즈'는 물, '가레이'는 가자미를 뜻한다. 영덕에서는 미주구리를 순화해서 물가자미로 바꿔 부르고 있다. 물가자미는 수심 40~700m 바다 밑바닥에서 서식하며 영덕과 포항 사이 동해에서 많이 잡힌다. 우리나라엔 가자미 30여 종이 서식한다. 두 눈이

경북 영덕의 향토 음식인 물가자미찌개. 부드러운 생선살과 칼칼한 국물이 조화롭다.

머리 한쪽에 붙어 비목어로 불리는 가자미는 보통 길이가 40~50㎝고 몸통은 납작하다. 이 중 물가자미는 어른 손바닥보다 약간 큰 정도로 다른 가자미류보다 작고 뼈가 연해 뼈째 썰어 먹기 좋다. 게다가 비리지 않고 고소해 생선회로도 즐겨 먹는다.

물가자미가 영덕 사람들의 밥상에 오른 역사는 꽤 오래됐다. 1384년 고려 우왕 때 왜구의 침입을 막기 위해 밤낮없이 축산성을 쌓은 병사들이 가여워 주민들이 물가자미를 먹였더니 빨리 회복하고 기운을 얻었다는 이야기가 전해진다. 또 ≪동의보감≫에는 성질이 순하고 맛이 달며 허약한 기력을 보충하는 데 좋다고 기록돼 있다.

축산항에서 물가자미 전문점을 운영하는 정성현 '천리미항식당' 대표(41)는 가자미와 관련된 특허를 26개나 낼 정도로 물가자미에 대한 애정이 남다르다.

"어렸을 때를 생각하면 물가자미는 가장 서민적인 생선이었어요. 시장에서 산 물가자미로 삼시 세끼를 먹었습니다. 아침엔 구이로, 점심엔 회무침으로, 저녁엔 찌개로 끓여 소주 한잔 같이 먹으면 더할 나위 없는 생선이죠."

물가자미찌개는 생소한 이름과 달리 매운탕과 모양이 같아 익숙하다. 찌개 냄비보다 큰 물가자미를 반토막 내 담고 생선 육수(광어 · 우럭 등 생선 뼈 육수)에 양념을 풀어 끓인다. 아낌없이 넣은 대파 · 양파 · 무 · 배추가 팔팔 끓어 투명해지면 물가자미도 어느새 뽀얗게 익는다.

"일반 가정집에서는 맹물에 생선을 넣어 찌개를 끓이지만 생선 육수를 사용하면 훨씬 국물이 시원해요."

진한 푸른색 영덕 바다를 배경으로 팔팔 끓는 찌개를 보고 있자니 순

물가자미밥식혜
물가자미회무침

싼값에 쉽게 구할 수 있는 서민 생선.
육수에 양념 풀고 채소와 함께 끓여.
매운탕과 비슷… 칼칼하고 시원한 맛.
상큼한 '물가자미밥식해'도 별미.

물가자미 구이도 빼놓을 수 없는 별미다.

가락이 저절로 움직인다. 국물을 한입 먹자마자 채소에서 나오는 달큼한 맛이 혀에 맴돌고 꿀꺽 삼키면 칼칼한 고춧가루 매운맛이 올라온다.

본격적으로 물가자미찌개를 맛보려면 숟가락 기술이 필요하다. 숟가락을 가로로 살짝 눕혀 물가자미 가운데 뼈를 따라 살을 긁는다. 갈치처럼 하얀 살이 숟가락 위에 그대로 떠진다. 살과 국물을 퍼서 그 위에 파와 무를 올린 뒤 한입에 넣는다. 연한 물가자미 살과 개운한 채소 맛이 풍미를 올린다. 물가자미찌개 좀 먹어봤다 하는 단골손님들은 크게 한입 삼켜서 입속에서 우물우물해 큰 가시만 툭 발라낸다.

물가자미 살을 바르느라 정신없는 가운데 식당 손님들이 빈 접시를 가리키며 "이것 좀 더 주세요"라고 외치는 소리가 여기저기서 들린다. 손님들이 무엇을 그렇게 찾는가 보니 '물가자미밥식해'다. 밥식해는 흰살생선에 밥과 양념을 버무린 고급 발효음식이다. 무와 고춧가루·설탕·물엿 등 8가지 이상 재료에 밥과 길게 썬 물가자미회를 치대서 2주 정도 숙성시킨다. 워낙 재료와 시간이 많이 드는 반찬이라 일반 가정집에서는 김장만큼 만들기 힘든 요리다.

물가자미밥식해는 농촌 문화와 어촌 문화가 함께 발달한 영덕 지역 특징을 보여준다. 남북으로 길게 뻗은 바다에서 잡아 올린 물가자미와 서쪽 논밭에서 재배한 쌀과 채소를 이용해 만든 밥식해는 시원하고 상큼한 맛이 일품이다.

물가자미 정식을 주문하면 이밖에 물가자미 구이와 회무침도 함께 나와 입맛을 돋운다. 물가자미구이를 먹을 땐 지느러미를 꼭꼭 씹어 음미해야 한다. 물가자미 지느러미는 가시가 연하고 모든 콜라겐이 모여 있어 씹으면 기름이 톡 터져 고소하다. 회무침은 살짝 언 물가자미를 뼈째 썰어서 갖가지 채소를 넣고 새콤한 초고추장 양념에 버무려 만든다. 살이 넉넉한 세꼬시를 먹는 듯하다. 회무침을 물미역에 싸 먹으면 오독오독한 식감과 바다 향이 배로 느껴진다.

"대게는 귀한 손님이 왔을 때 먹지만 평범한 영덕 사람들이 자주 찾는 건 물가자미예요." 영덕 토박이라는 택시기사 박석규 씨(76) 말대로 물가자미야말로 영덕 사람들의 솔푸드라 할 수 있다. 영덕에서 새로운 맛을 찾고 있다면 물가자미찌개를 추천한다.

고기 귀하던 시절 묵 듬뿍, 속 든든해 만사태평

예천 '태평추'

"이름부터가 '태평추'잖아요. 그냥 태평하게 앉아서 술 한잔 걸칠 때 간단하게 후루룩 먹을 수 있다고 해서 붙은 이름 아니겠어요?"

어렸을 때부터 익숙하게 먹던 음식은 오히려 먹게 된 유래, 이름의 뜻을 설명하지 못할 때가 많다. 경북 예천과 그 인근 지역 토박이들에게 태평추란 음식이 그렇다. 고기가 귀하던 시절 적은 양의 돼지고기를 잘게 썰고 양을 늘리고자 묵을 듬뿍 넣어 자글자글 끓여 먹던 음식, 태평추. 입맛 없을 때, 늦은 밤 소주 한잔 걸칠 때 곁들여 먹던 추억이 담긴 음식이다.

태평추는 2022년 발간된《예천 향토음식 채록집》에 당당히 이름을 올렸다. 돼지고기·묵은지·도토리묵에 고춧가루·간장·파·마늘을 넣고 자박하게 끓여 만드는데, 두루치기와 비슷하다고 해서 '묵 두루치기'라고도 부른다. 마지막에 달걀지단과 고소한 김 가루를 뿌려 완성한다. 초여름까진 미나리를 푸짐하게 올리고 겨울이 되면 메밀묵을 직

접 쑤어 넣는 등 제철 재료를 최대한 활용하는 집밥 메뉴다.

전문가들은 태평추가 궁중음식인 탕평채에서 비롯된 음식이라고 설명한다. 탕평채는 녹두묵에 고기볶음·미나리·김 등을 섞어 만든 묵무침으로 조선 시대 영조 때 여러 당파가 잘 협력하자는 탕평책을 논하는 자리에서 처음 등장한 음식이다. 탕평채 요리법은 서민들 사이에서 조금씩 바뀌며 뜨끈한 국물과 묵은지의 매콤새콤한 맛이 더해진 형태로 자리잡게 됐다.

예천읍 노하리 '동성분식'은 30여 년 역사를 가진 노포다. 식당을 운영하는 노영대(76)·신말순 씨(74) 부부는 오랜 세월 같은 자리에서 단골손님을 맞이한다. 혈기왕성한 젊은 시절부터 보던 단골들이 벌써 손자 · 손녀를 자랑하는 나이가 됐다. 노 씨는 일주일에 두세 번씩 오던 단골 발길이 뜸해지면 문득 걱정되는 마음에 먼저 연락해 안부를 묻기도 한다. 긴 시간을 함께해 이젠 모두가 가족같이 느껴진다.

과거엔 태평추 인기가 대단했다. 점심시간만 되면 식당에 앉을 자리가 없는 것은 당연지사. 늦은 저녁 시간엔 근처 경찰서 등에서 밤참으로 배달 주문까지 들어왔다. 노 씨는 "냄비째 보자기에 둘둘 싸서 보내면 금세 게 눈 감추듯 먹어 치우고 바닥 보이는 그릇만 돌려보냈다"며 당시를 회상했다. 그는 "밥에 곁들여 먹으면 든든하고, 맵고 짜니까 술안주로도 손색없다"고 덧붙였다.

태평추는 불로 끓이면서 먹는 게 제맛이다. 숟가락 위에 묵 · 김치 · 고기를 한꺼번에 올려 먹으면 얼핏 김치찌개 같기도 하고 뜨거운 묵사발 같기도 하다. 탱글탱글 씹히는 묵 덕분에 식감이 재밌다. 흰밥 위에 한 국자 크게 퍼서 올리고 쓱쓱 비벼본다. 맛있게 먹는 방법은 청양

탕평채에 들어간 갖가지 재료들

궁중음식 탕평채의 서민 버전, 잘게 썬 돼지고기에 도토리묵.
새콤한 묵은지 넣고 자글자글, 청양초 양념 넣어 얼큰한 국물.
탱글탱글한 묵과 함께 후루룩, 집밥 메뉴이자 안주로도 인기.

예천 회룡포

예천 특산물 참기름

초 양념을 추가해 먹는 것. 씨를 빼고 곱게 다진 청양초를 양파와 함께 달달 볶다가 물을 조금 넣고 졸여 만든 양념이다. 태평추 국물과 잘 어울리고 매운맛이 혀끝을 알싸하게 자극해 매력적이다.

향수를 불러일으키는 '집밥'을 찾는 이에게 이만한 음식이 없다. 반찬으로 나오는 고추·방풍나물은 모두 주인장이 텃밭에서 직접 재배해 수확한 것. 직접 띄운 된장에 손수 만든 간장까지 손길 닿지 않은 곳이 없다. 어린 시절 아련한 추억을 떠올리게 만든다.

다리 떨어진 부상 대게…된장·고추장에 숙성

울진 '게짜박이'

동해안 7번 국도 허리 즈음에 있는 경북 울진은 우리나라 대표 대게 집산지다. 겨울철 울진의 죽변항이나 후포항에서 먹는 대게 맛이 최고이지만, 무더운 여름철에도 그 맛을 즐길 수 있는 이색 별미가 있다. 바로 제철 대게를 숙성해 자작하게 끓인 '게짜박이'다.

대게는 몸집이 커서 대(大)게가 아니다. 몸통에서 뻗어나간 다리가 마치 대나무 같아 대(竹)게로 불린다. 대게는 수온 3℃ 이하의 차가운 바다에 서식하며 고수온에 대한 저항력이 매우 약하다. 그래서 물이 가장 차가운 12~3월에 살이 많이 오르고 맛이 좋다.

우리나라에선 주로 동해에 서식하는데, 울진 대게는 후포항에서 24㎞ 떨어진 물속의 '왕돌초'에서 잡힌다. 왕돌초는 동서 21㎞, 남북 54㎞ 크기의 거대한 수중 암초로 멍게·해삼·오징어 등 다양한 해양 생물 100여 종이 서식하는 황금 어장이다. 이 왕돌초에서 서식하는 대게는 큰 몸집에 살이 실하고 맛이 달아 전국적으로 알아준다.

경북 울진의 '게짜박이'는 된장과 고추장이 들어가 붉은색을 띤다. 걸쭉하고 부드러운 질감에 간이 세지 않아 남녀노소 맛있게 즐길 수 있다.

게짜박이는 오래전부터 울진 주민들의 밥상에 오르던 친근한 음식이다. 왕돌초에서 밤새 잡아 올린 대게는 항구의 위판장에서 값을 치르는데, 유통 과정에서 부득이하게 다리 등이 떨어지면 제값을 받지 못한다. 지금은 다리가 떨어진 대게를 '부상 대게(파지 대게)'라 해서 싼값에 팔지만, 옛날엔 직접 소비하는 수밖에 없었다. 그 때문에 울진엔 이런 부상 대게를 이용해 만드는 음식이 발달했다.

어부들이 배에서 간단한 양념과 시래기를 넣어 끓여도 먹고, 다리 살을 말린 '해각포'로 국이나 죽을 만들어 먹기도 했다. 냉장 시설이 좋지 못했던 시절엔 오랫동안 먹기 위해 부상 대게를 된장과 고추장으로 숙성시켰다. 이를 자작하게 끓여낸 음식이 바로 게짜박이다. 집에서 해 먹던 음식이라 정확한 이름은 전해지지 않다가 울진 지역 식당들에서 게짜박이로 명명했다.

울진 왕피천대교 근처에 있는 식당 '왕비천이게대게'에선 게짜박이를 솥밥과 함께 맛볼 수 있다. 식당 사장 오연주 씨(68)는 "게짜박이는 붉은 대게로 만들어야 제맛"이라며 "게살 자체에 짭짤한 감칠맛이 감돌아 따로 양념을 안 해도 간이 딱 맞는다"고 설명한다. 그의 말처럼 울진의 진짜 명물은 붉은 대게다. 홍게로도 부르는 붉은 대게는 배가 하얀 대게와 달리 몸 전체가 짙은 붉은색을 띤다. 대게보다 작아 맛이 떨어진다고 오해할 수 있지만 훨씬 살이 연하고 바다 향도 진하다. 또한 수심 500~2200m의 깊은 바다에 사는 만큼 필수아미노산·단백질·칼슘·철분 등 영양분도 풍부하다.

게짜박이를 만드는 과정은 단순하다. 싱싱한 대게를 먹기 좋게 잘라서 고추장과 된장에 버무려 담고 오래 보관하기 위해 냉동한다. 먹을 땐

살 연하고 달달한 지역 명물 홍게,
오랫동안 먹으려고 고안한 음식.
버섯·파 등 넣고 끓여내면 '걸쭉'.
밥 위에 슥슥 비벼 먹으면 일품.

게짜박이는 뜨거운 솥밥에 비벼 먹어야 제맛이다. 갓 지은 밥과 구수한 게짜박이가 잘 어울린다.

물과 팽이버섯·파 등 소량의 채소만 넣고 끓이면 된다. 말로 들으면 간단해 보이지만, 식당에선 붉은 대게가 잡히는 시기에 대량으로 가져온 다음 공장까지 빌려 작게 자르고 버무리는 작업을 며칠 동안 한단다.

정갈한 반찬과 함께 게짜박이가 작은 냄비에 담겨 나왔다. 붉은 대게 살이 곱게 다져진 걸쭉한 죽 모양이다. 냄비 가장자리에 집게발 2개가 앙증맞게 놓여 있다. 가스버너 위에 냄비를 얹어 약한 불에 끓이면서 먹는다. 뭉근하게 끓어오르는 게짜박이를 한술 떠먹어본다. 게짜박이라는 이름과 모양에서 나오는 강렬한 인상과 달리 간이 세지 않고 심심하다. 대신 적당한 감칠맛과 된장의 구수함이 혀끝에서 맴돈다.

솥에서 미리 덜어놓은 밥 위에 게짜박이를 얹어 쓱싹 비벼 먹으니 부드러운 식감이 일품이다. 같이 나온 동치미와도 잘 어울린다. 게짜박이를 먹다 보면 껍데기째로 작게 잘린 대게 다리가 입안으로 딸려 온다. 대게 다리를 이로 꼭꼭 씹어 살과 양념을 먹은 다음 껍데기만 뱉어낸다. 껍데기 안에 있는 대게 살은 명태같이 쫄깃하고 짭짤하다. 게살을 바를 필요 없이 바다 향 가득한 붉은 대게의 풍미를 그대로 느낄 수 있어 더 매력적이다.

약수에 푹 삶아낸 몸보신 닭 요리

청송 '달기백숙'

가을이면 경북 청송은 주왕산 단풍을 보러 온 사람들로 북새통을 이룬다. 이들이 놓칠 수 없는 청송 향토 음식은 달기백숙. 달기백숙은 주왕산에서 흐르는 물인 달기약수에 닭을 넣고 푹 끓인 음식인데, 효능 좋기로 소문나 이젠 없어서 못 먹는다.

청송읍 버스터미널에서 달기약수터까지 차로 5분도 채 안 걸린다. 주왕산 초입부터 천천히 걸어 올라가면 하탕·신탕·중탕·상탕 등 무려 약수터 10군데를 만나게 된다. 달기약수가 처음 발견된 것은 조선 철종 때다. 낙향해 청송에 살고 있던 금부도사 권성하가 우연히 이 약수를 찾은 것. 그가 약수를 한 모금 마시자마자 '꺽' 하고 트림이 나와 오랜 체증이 내려갔다고 한다. 약수에는 실제로 철·규산·아연 등 몸에 좋은 성분이 풍부하게 들어 있다.

달기약수터 근처엔 맛집이 즐비한 '청송 달기약수 닭 요리 거리'가 있다. 이곳에서 30년 전부터 달기백숙을 판매해왔다는 이해성 씨(56)는

달기약수와 닭은 찰떡궁합이라고 말한다. 이씨는 “약수가 닭 비린내를 싹 잡아줘서 따로 육수를 낼 필요가 없다”며 “여느 백숙과 달리 기름도 거의 뜨지 않아 먹다보면 왜 건강 음식인지 알게 된다”고 설명했다.

이 씨가 운영하는 식당 ‘달기약수닭백숙해성’에선 앉자마자 생수 한 병과 함께 약수 한 병을 준다. 약수는 생수를 놓고 비교해야 간신히 알아볼 수 있을 정도로 은은한 붉은빛이 돈다. 약수를 마시면 톡 쏘는 탄산이 느껴져 깜짝 놀라게 된다. 마지막엔 비릿한 맛도 입안에 남는다. 이씨는 “약수엔 철 성분이 많아 비린맛이 강해 호불호가 있다”며 “대신 설탕을 조금 타면 사이다와 맛이 거의 비슷해져 먹기 좋다”고 팁을 줬다.

10분쯤 뒤에 푹 고아진 닭 한 마리가 나왔다. 여기엔 대추·은행·마늘 등이 푸짐하게 들어간다. 찹쌀죽은 인심 넉넉하게 인원수대로 한 그릇씩 준다. 철 성분이 풍부한 약수와 능이버섯을 넣고 끓인 찹쌀죽은 연한 푸른빛이 돈다.

죽 먼저 한술 뜨면 향긋한 능이버섯 향에 절로 눈이 감긴다. 주인공인 닭백숙으로 손을 뻗는다. 살이 연해 닭다리가 쉽게 뜯어진다. 부드러운 살코기에도 약수 특유의 향과 맛이 배어 있다. 가슴살은 함께 나온 천일염에 살짝 찍어 먹는 게 좋다. 담백한 살코기는 등산객의 고픈 배를 채워주는 데 모자람이 없다. 이씨는 “약수는 매일 새벽같이 산을 올라 받아 온다”며 “좋은 재료를 쓰는 것은 물론 정성을 다해 내놓는 한 그릇인 만큼 어디 가서 밀리지 않는 보양식이라고 자신한다”고 말했다.

조선 철종 때 발견된 달기약수, 근처 닭 요리 거리엔 맛집 즐비.
약수가 비린내·기름기 잡아줘, 부드럽고 담백한 살코기 일품.
능이버섯 향 밴 찹쌀죽도 별미.

회치고 부치고 끓여도…
하얗게 살아 입에 감도는 봄
거제 '사백어'

"경남 거제 사람은 '병아리'를 먹어야 '진짜 봄이 왔구나' 합니데이."

'병아리'는 거제 사람들 사이에서 '사백어(死白魚)'를 가리킨다. 실치처럼 생긴 사백어는 다 자라도 몸길이가 5㎝ 안팎인 작은 생선으로 살아 있을 땐 투명하고 죽으면 몸이 흰색으로 변한다고 해서 이런 이름이 붙었다. 사백어를 맛볼 수 있는 건 봄이 시작되는 3월 초~4월 말, 연안에서 강가로 올라와 산란을 끝냈을 무렵이다.

사백어 맛집으로 꼽히는 몇몇 식당은 바쁘게 울리는 전화벨 소리로 봄이 왔음을 안다. '사백어 개시'라고 쓰인 현수막을 걸기도 전에 봄맞이 음식을 찾는 예약 전화가 줄을 잇는다. 길어야 두 달 남짓 먹을 수 있는 계절식이라 그 맛을 아는 사람은 안달이 난다. 나오는 시기가 워낙 짧고 갈수록 어획량이 감소하는 탓에 미식가라면 이맘때 부산을 떨 수밖에 없다.

사백어는 나는 곳도 많지 않다. 남부면 · 동부면 정도에서만 잡힌다.

펄떡이는 사백어를 향긋한 미나리에다 당근·양파·오이와 함께 양념장에 비벼 먹는 사백어회. 재밌는 식감과 새콤달콤한 양념장 맛이 조화롭다.

거제 사람 가운데서도 존재를 모르는 이가 꽤 많다. 30년 넘게 동부면에서 '명화식당'을 운영하는 정금숙 사장(55)도 거제 토박이지만 결혼하고서야 사백어를 처음 봤다. 시어머니가 내준 음식을 먹고 너무 맛있어 "식당을 열어야겠다"며 무릎을 탁 쳤단다.

어느 식당을 가건 사백어는 주로 회 · 탕 · 전으로 나온다. 식당 주인에게, 옆 테이블 손님에게, 지나가는 주민에게 뭐가 가장 맛있느냐고 물으면 답은 똑같을 테다. "귀하디 귀한 사백어, 무얼 택할지 고민하지 말고 코스로 먹어라."

첫 순서는 회다. 사백어회는 입보다 눈으로 먼저 먹는다. 잘게 썬 미나리·오이·당근 위에 사백어를 통째로 얹은 모습이 퍽 화려하다. 알록달록한 채소 위에 투명한 생선이 산 채로 꿈틀거리는 것만으로도 신기한데 백미가 아직 남았다. 먹기 직전 새콤달콤한 고추장 양념장을 두르면 사백어가 몸부림치며 튀어 오른다. 굳이 젓가락을 대지 않고도 양념장이 고루 비벼져 먹기 좋은 상태가 될 정도다.

징그럽다고 내빼면 금물. 움직임이 완전히 잦아들기 전 숟가락으로 푹 떠 입에 넣어야 한다. 비릴까 걱정하지 않아도 된다. 깨끗한 물에서 사는 생선이라 비리지 않다. 특별한 풍미가 있다기보다는 입안을 휘젓는 재미난 식감을 느낄 수 있다. 만물이 생동하는 봄맛이랄까.

회는 되도록 빨리 먹는 편이 좋다. 시간이 지나면 사백어 몸에서 점액질이 나온다. 맛을 크게 해치진 않지만 미끄덩거려 그리 유쾌하진 않다.

다음으로 전과 탕이 나온다. 각각 쪽파전과 달걀국에 사백어만 더한 모양새다. 새하얗게 익은 사백어는 날것일 때보다 더 생경하다. 낯선 생김새에 멈칫하기도 잠시, 건더기를 잔뜩 올려 탕을 떠먹으면 생선

사백어탕을 한술 뜨면 사백어 살이 보드랍게 부서지며 고소한 맛이 입안에 확 퍼진다.

실치 같은 생김새…'병아리'라고 불리기도.
3월 초~4월 말 제철…회·탕·전으로 요리.
맑은 물에 살아 비리지 않고 식감 재미나.

거제 사람들에게 봄맞이 음식으로 통하는 사백어. 3~4월에만 나온다.

밀가루 반죽에 사백어와 쪽파를 잔뜩 넣어 부친 전은 남녀노소 누구나 좋아하는 음식이다.

살이 고슬고슬 부드럽게 씹히며 고소하다. 뒤이어 퍼지는 향긋한 쪽파 향은 입맛을 돋운다. 거제에서 '잔파'라고 부르는 쪽파는 지역 특산물로 역시 3~4월이 제철이다. 사백어와 쪽파로 차린 밥상 위에 봄 기운이 완연하다.

중독성 있는 맛…가족 외식의 단골 메뉴

창원 '아귀불고기'

경남 창원에선 아귀수육·아귀찜 등 다양한 아귀 요리가 명물로 손꼽힌다. 그 가운데 창원 사람들만 찾아 먹는 숨은 별미가 있으니, 바로 '아귀불고기'다. 콩나물이나 미나리 같은 채소 없이 아귀 살을 빨간 양념에 버무려 볶은 아귀불고기는 색다른 아귀 맛을 보여주는 향토 음식이다.

아귀는 못생긴 바다 생선의 대표 주자다. 몸 절반 이상을 차지하는 넓적한 머리와 큰 입을 가진 못난 생김새 때문에 옛날엔 그물에 잡히면 곧바로 바다에 내던지던 생선이었다. 또한 불교에서는 굶어 죽은 귀신을 아귀(餓鬼)로 부르는데, 입이 크고 다른 물고기를 잡아먹는 습성이 탐욕스럽게 비쳐 그 이름이 붙여졌다. 별칭으로 경상도에선 '아구', 인천에선 '물텀벙이'로 불린다.

아귀는 위협적인 생김새와 달리 영양이 풍부한 식재료다. 껍질에 있는 콜라겐 성분이 피부 미용에 도움이 되고, 지방과 콜레스테롤이

낮아 다이어트 음식으로도 주목받는다. 특히 아귀 간은 아귀의 가치를 매기는 기준일 만큼 귀한데, 신경 세포를 활성화하는 디에이치에이(DHA) 함량이 높아 치매 예방에도 좋다고 알려졌다.

100m 이상 깊은 바다에 사는 아귀의 제철은 추운 겨울부터 봄까지다. 이 시기에 국내 서해와 남해에서 잡아 올린 아귀는 살이 많이 차올라 맛이 좋다.

창원에서 아귀불고기를 먹기 시작한 건 언제부터일까? 사실 아귀를 요리해 먹은 역사는 그리 길진 않다. ≪한국식생활문화학회지≫에 실린 논문에 따르면 아귀는 해방 후 전남·경남·인천 등지에서 탕으로 먹기 시작했다. 창원이 아귀 요리로 유명해진 건 1960년대 건아귀로 만든 아귀찜이 등장하면서부터다. 건아귀찜이 인기를 얻어 창원 마산합포구 오동동 일대에 아귀찜 전문 거리가 형성될 정도였다. 이처럼 아귀찜 전문점이 많아지면서 몇몇 식당에선 차별화하기 위해 아귀불고기를 선보였다. 창원에서 나고 자란 김지연 씨(29)는 아귀불고기는 가족 외식의 단골 메뉴였다고 회고한다.

"어릴 때부터 가족끼리 저녁 외식을 할 때 아귀불고기를 먹으러 자주 갔죠. 매콤달콤한 양념이 잔뜩 묻은 아귀 살을 뼈째 들고 먹곤 했어요."

의창구 창원역 근처에 있는 식당 '풍성한고을'은 아귀불고기를 먹으러 온 손님들로 항상 북적인다. 사장 이청희 씨(37)는 아귀를 즐기려면 아귀불고기를 먹어봐야 한다고 말한다.

"새벽마다 부산에서 잡은 아귀를 받아옵니다. 해마다 어획량이 줄어 몸값이 가파르게 오르고 있죠. 이렇게 귀한 아귀를 먹으면서 콩나물 같은 채소로 배를 채우긴 아깝잖아요. 아귀의 참맛을 느끼려면 아

아귀불고기를 먹은 뒤 볶음밥도 놓칠 수 없다.

1960년대 건아귀찜 전문점 많아지자
몇몇 식당서 차별화한 메뉴로 선보여.
생아귀 쓰고 센 불로 조리한 게 특징,
큼직한 살덩이와 미끈한 껍질 맛 조화.
같이 나오는 간·위 수육 풍미 고소.
매년 5월 9일 '아구데이' 축제도 열려.

경남 창원의 향토 음식 '아귀불고기'는 싱싱한 생아귀로 만들어야 제맛이다. 쫄깃한 아귀 살과 매콤달콤한 양념 맛이 잘 어우러진 아귀불고기 맛이 중독적이다.

귀불고기를 먹어야죠."

아귀불고기는 생아귀로 만들어야 제맛이다. 아귀찜은 건아귀를 쓰기도 하지만, 수분 없이 센 불에 조리하는 아귀불고기는 부드러운 생아귀를 써야 양념이 잘 밴다. 7~8월엔 금어기여서 신선한 생물 아귀로 만드는 아귀불고기를 맛보기 어렵다.

아귀불고기를 만들 땐 아귀를 손질하는 것부터 신경써야 한다. 살과 내장을 손질하고 아귀 살을 연달아 4번 씻어낸다. 진액이 많아 한 번으론 부족하기 때문이다. 아귀불고기는 두 번 조려 만든다. 잘 손질된 아귀 살을 고춧가루와 다진 마늘, 양파를 넉넉히 넣어 1차로 조린 후 주문이 들어오는 대로 비법 양념을 넣고 한 번 더 조려서 나간다.

완성된 아귀불고기는 둥그런 철판 위에 얹어 나온다. 빨간 양념이 밴 아귀 살에 얇게 썬 파와 깨가 뿌려져 더 먹음직스럽다. 매콤 달달한 불고기 냄새가 은근하게 올라온다. 큼지막한 살이 붙은 아귀 한 덩이를 입안 가득 베어 문다. 탱글탱글한 식감에 맵고 달짝지근한 양념이 잘 어울린다. 마치 닭볶음탕만 먹다 처음 양념치킨을 맛본 기분이다.

중독성 있는 맛에 쫄깃한 지느러미 부분도 먹어본다. 가시가 많아서 먹기 번거로워 보이지만 이로 살살 긁으면 쉽게 빼먹을 수 있다. 아귀를 좋아하는 사람들은 살코기보다 미끈한 식감이 매력적인 지느러미와 껍질을 더 선호한다.

신선한 생아귀를 쓰는 집에서만 맛볼 수 있다는 아귀 간과 위가 수육으로 함께 나왔다. 간을 초장에 찍어 먹으니 '바다의 푸아그라'라는 별명답게 고소한 풍미가 입안에 퍼진다. 위도 담백한 맛과 쫄깃한 식감이 좋아 자꾸만 손이 간다. 아귀를 다 골라 먹은 뒤 남은 양념에 볶은 고슬고슬한 볶음밥도 놓치지 말자.

창원에선 매년 5월 9일을 '아구데이'로 지정하고 이 날을 전후해 축제도 개최한다. 날씨가 더워지기 전 아귀불고기를 맛보고 축제의 행사를 즐기는 행복을 놓치지 말자.

해산물이나 나물로 끓여 한입 후루룩
창원 '찜국'

"어렸을 때 엄마가 아침으로 자주 끓여줘서 학교 가기 전에 후루룩 먹곤 했죠. 요즘은 옛날 생각하면서 제가 아들한테 끓여주곤 해요. 집에 있는 재료로 휘뚜루마뚜루 끓일 수 있거든요."

경상도 토박이인지 아닌지 확인하려면 찜국을 아는지 물어보면 된다. 경상도에서 나고 자란 이에겐 숱한 추억을 불러일으키는 음식이지만 타지 사람이 보기엔 여간 생소한 게 아니다. 찜국을 요리할 땐 국처럼 냄비에 물과 재료를 넣고 팔팔 끓이지만 완성된 걸 보면 들깻가루와 찹쌀가루가 아낌없이 들어가 찜처럼 걸쭉하다. 재료 역시 찜에 많이 쓰는 고사리 · 토란 · 미더덕이 주로 활용된다.

찜국은 이름이 수십 가지다. 맛을 낸 재료를 이름 앞에 붙여 '○○ 찜국'이라 부른다. 해산물이 풍부한 해안 지방에선 다슬기 · 조개 등을 넣어 끓이는 게 보편적이었고 내륙 지방에선 나물류를 활용했다. 정해진 재료가 따로 없으니 냉장고 속 남은 재료를 처리하기에도 알맞다. 시들기

직전의 머위·버섯·시래기 등을 넣고 끓이면 근사한 식사가 완성된다.

경남 창원 사람에게 가장 익숙한 것은 단연 '미더덕찜국'이다. 창원시 남쪽 해안에 있는 진해만에선 미더덕이 전국 생산량의 70%에 이를 정도로 많이 난다. 특히 과거엔 보릿고개에 맞춰 살이 오른 미더덕으로 주린 배를 채우기도 했다. 집집마다 봄에 제철을 맞는 미더덕으로 찜국을 한 냄비씩 끓여두곤 했다.

찜국은 만들기 쉬워 보여도 손맛을 많이 탄다. 파·마늘·고춧가루·후추·참기름 등 조미료가 들어가지 않아 기교를 부릴 수 없는 요리다. 간은 오직 간장으로만 맞춰 담백한 맛을 살린다.

요리 순서는 간단하다. 냄비에 물을 끓이고 나물이나 해산물 등 맛낼 재료를 넣는다. 이때 단단한 재료를 먼저 넣고 무른 재료는 나중에 넣어야 각 재료 특유의 식감이 살아난다. 찹쌀가루와 들깻가루를 1대 2 비율로 섞고 가루가 어느 정도 풀어질 정도만 물을 넣는다. 이를 냄비에 부어 농도를 맞추고 푹 끓인다. 마지막에는 미나리나 부추를 고명으로 올려주면 향긋함이 배가 된다.

집에서 별스럽지 않게 먹던 음식이라 전문점을 찾긴 어렵다. 한정식 집에서 가끔 볼 수 있고 추어탕 식당 가운데 메뉴에 올린 곳도 더러 있다. 창원시 의창구 '가마솥추어탕'에서도 20년 넘게 찜국을 팔고 있다. 메뉴판을 뒤적여 봐도 아쉽게 미더덕찜국은 없다. 종업원이 반찬을 내려놓으며 "요샌 찾는 사람이 많이 없어서 식당에선 안 판다"고 설명한다. 대신 관광객을 위해 쫄깃한 식감을 살린 전복찜국을 준비했단다.

찜국을 주문하니 10여 분 만에 큼지막한 한 뚝배기가 나왔다. 찜국은 처음부터 숟가락으로 한입 크게 떠먹다간 큰코다친다. 겉으로 봤

경상도 토박이라면 다 아는 맛, 국처럼 끓이지만 찜처럼 '걸쭉'.
넣은 재료 따라 이름 수십 가지, 진해만에 풍부한 미더덕 등 활용.
고소한 들깨 향 입안 가득 퍼져, 수수하고 깊은 맛 매력에 '꿀떡'.

을 땐 김이 별로 나지 않아 안 뜨거워 보이지만 걸쭉한 국물에 가둬져 있는 열기가 엄청나 입천장을 데기 쉽다.

처음엔 찜 먹듯 젓가락으로 건더기를 건져 먹어야 한다. 부추·배추·만가닥버섯이 푸짐하게 들어 있다. 밥에 올려 쓱쓱 비벼 먹으니 자박한 국물 덕분에 꿀떡꿀떡 잘 넘어간다. 시간이 지나면 국물도 조심스럽게 떠먹어본다. 고소한 들깨 향이 입안 가득 맴돈다. 아직 뜨거운 국물이 천천히 식도를 타고 내려가 몸을 데워준다.

수수하고 깊은 맛이 매력적인 찜국. 자극적인 맛과 화려한 볼거리에 이미 익숙해졌다면 처음엔 친해지기 어려운 음식일 수 있다. 하지만 먹고 나면 속이 편안할 뿐만 아니라 자기 전 문득 생각나는 묘한 매력을 가졌다.

고소하고 달달한 맛에 어느새 한 그릇 뚝딱
통영 '빼떼기죽'

팥죽인 듯 호박죽인 듯 보기만 해도 구수한 죽 한 그릇. 경남 통영 향토 음식 '빼떼기죽'이다. 외지인에겐 이름조차 생소하지만 통영 사람은 하나같이 빼떼기죽을 '고향의 맛'으로 꼽는다.

'빼떼기'는 껍질을 벗긴 후 얇게 썰어 볕에 바짝 말린 고구마를 일컫는 경상도 방언이다. 생고구마를 말리면 빼떼기, 삶은 고구마를 말리면 '쫀드기'가 된다. 고구마는 수분이 많아 잘 썩기 때문에 장기간 보관하기 어렵다. 저장 시설이 없던 시절 고구마를 말려 빼떼기로 보관하면 가을에 수확한 고구마를 겨울까지 오래 보관할 수 있었다.

통영 빼떼기는 욕지도 고구마로 만든다. 해풍을 맞고 자란 욕지도 고구마는 다른 지역 고구마보다 당도가 높고 식감이 포슬포슬하다. 따뜻한 기후 덕분에 7월부터 수확이 시작되는데, 수확한 고구마를 여름 볕에 잘 말려 창고에 두둑이 넣어두면 겨우내 식량 걱정은 없었다. 1766년에 조선 학자 강필리가 쓴 우리나라 최초 고구마 전문서 ≪감저보

경남 통영의 맛 좋은 고구마와 찹쌀이 넉넉히 들어간
빼떼기죽은 한끼 식사로 먹어도 충분하다.

≫에 따르면 국내 고구마 재배는 조선 후기 부산에서 시작됐는데, 욕지도에 고구마가 들어온 시기는 19세기 말 조선 고종 때로 추정된다.

빼떼기죽은 먹을거리가 부족했던 시절 허기를 달래준 추억의 음식이다. 지금도 통영에선 아이들은 간식으로, 어른들은 든든한 아침 식사로 즐겨 먹는다. 예전엔 주로 집에서 해 먹는 음식이었지만, 요즘은 시대가 변해 빼떼기죽 전문점도 찾아볼 수 있다. 통영 아침을 여는 '서호시장' 곳곳엔 빼떼기죽 맛집이 많다. 그 가운데 '할매우짜'는 60년 동안 자리를 지킨 서호시장 명소다. 이 식당을 이어온 3대 사장 이미숙 씨(60)는 오전에 끓여 놓은 빼떼기죽을 다 팔면 오후에 다시 끓이는 등 하루에 두 번씩 죽을 쒀 눈코 뜰 새 없이 바쁘다.

"시간 딱 좋게 왔네요. 지금 막 빼떼기죽이 다 됐는데, 이제 10분만 기다렸다 뜨면 됩니다. 빼떼기죽은 보기보다 만드는 데 손이 많이 간다. 우선 잘 말린 빼떼기를 두세 차례 씻어 동부콩과 함께 물을 넉넉히 넣어 푹 삶는다. 30분 정도 끓이면 딱딱했던 빼떼기가 연하게 뭉개진다. 빼떼기에서 나오는 전분과 물이 섞여 뭉근한 죽처럼 변하면 식소다를 조금 넣는다. 식소다는 빼떼기죽 특유의 감칠맛과 갈색빛 색감을 살리는 재료다. 죽이 끓어 산처럼 솟아오르면 물과 설탕·찹쌀가루·쌀가루·팥을 순서대로 넣고 계속 저으면 된다. 한눈을 팔면 타버릴 수 있으니 끊임없이 젓는 게 중요하다. 빼떼기죽을 집에서 해 먹을 땐 취향에 따라 수제비 반죽을 떠서 넣거나 칼국수 면을 넣기도 한다.

"옛날 어르신들은 죽에 수제비를 넣어 먹기도 했어요. 요즘엔 밀가루를 싫어하는 사람도 많아 저는 찹쌀가루와 쌀가루를 일대일로 섞어서 넣습니다."

빼떼기죽을 끓일 땐 타지 않도록
쉬지 않고 저어주는 게 중요하다.

고구마 껍질 벗겨 썰어 말린 '빼떼기',
동부콩·식소다·설탕 등과 함께 쑤어.
먹거리 부족했던 시절 추억의 음식,
지금도 아이 간식·어른 아침으로 딱.
깍두기 곁들여 먹으면 환상의 짝꿍,
취향 따라 수제비·칼국수 면 넣기도.

한산대첩

빼떼기죽 한 그릇이 나왔다. 갈색빛을 띤 죽 안에는 동부콩과 팥 · 좁쌀이 콕콕 박혀 있다. 죽을 한술 떠먹으면 고구마 단맛과 함께 꾸덕꾸덕한 찹쌀 식감이 느껴지면서 팥과 동부콩이 고소하게 조화를 이룬다. 가끔 입으로 들어오는 빼떼기 덩어리를 사근사근 씹는 재미도 있다. 욕지도 고구마 자체에서 나오는 자연스러운 달금한 맛과 부드러운 식감이 식도를 넘어간 뒤에도 은은하게 남는다. 입안이 조금 텁텁해질 때쯤 같이 나온 깍두기를 먹으면 다시 개운해진다. 겨울철 호박고구마에 김치를 얹어 먹는 맛과 비슷하다.

여전히 빼떼기죽은 세대를 불문하고 사랑받고 있다. 통영 주민 이진옥 씨(68)는 타지에 있는 자식들이 고향으로 오는 날이면 어김없이 빼떼기죽을 사러 시장에 간다.

"명절에 자식들이 오면 항상 빼떼기죽을 미리 준비해놔요. 꼬맹이 때 먹던 맛이 생각난다고 하더라고요. 손주 · 손녀들 입맛에도 달짝지근하니 잘 먹고요."

통영 여행을 마치고 떠나기 전 빼떼기죽 한 그릇 먹길 추천한다. 뒤돌자마자 떠오르는 통영의 향토 진미다.

속풀이 삼총사 쑤기미탕·졸복국·시락국
통영 '해장음식'

경남 통영의 음식 문화인 '다찌'. 정해진 메뉴 없이 그날그날 들어온 식재료를 주인장이 마음대로 요리해 내놓은 술상을 일컫는다. 소박하지만 다채로운 상에 둘러앉아 잔을 부딪치며 하루를 마감하는 것이 이 고장 사람의 멋이고 흥이다. 낭만이 아무리 좋아도 삶은 지속된다. 다찌를 맘껏 즐긴 다음날엔 속을 풀어야 한다. 그래서 해장 음식도 발달했다.

그 가운데 첫손에 꼽히는 것이 쑤기미탕이다. 쑤기미는 수심이 낮은 연안 바위나 갯벌 바닥 등지에 사는 물고기다. 낯선 이름만큼 생김새도 독특하다. 길이는 20~30㎝고 몸통엔 얼룩덜룩한 무늬가 있다. 등지느러미는 억센 가시가 박힌 듯 뾰족뾰족하다. 무시무시한 외모가 허세만은 아니다. 독을 품고 있다. 살짝 쏘여도 통증이 커 정약전은 자신의 책 ≪자산어보≫에 "견딜 수 없을 만큼 아프다"라고 적었다. 어릴 적 바다에서 물놀이 좀 했다 하는 갯사람 가운데 쑤기미에게

당하지 않은 이가 없단다. 그래도 미워할 수 없는 건 맛이 좋아서다.

쑤기미탕 맛으로만 100년을 이어온 '진미식당'에 들렀다. 대접에 담겨 나온 음식을 들여다보는데 명성에 비해 때깔이 소박하다. 2대 사장으로 40년째 주방을 지키는 하옥선 씨(75)는 "당일 잡은 쑤기미를 맹물에 넣고 고춧가루를 푼 다음 송송 썬 무·고추·파를 더해 파르르 끓이면 끝"이라고 조리법을 일러줬다. 비린 맛을 잡겠다며 따로 넣는 비장의 무기는 없고 양념 계량은 감으로 한단다. 비법은 오로지 "신선한 재료"라는 것.

그렇게 내놓은 쑤기미탕은 국물이 압권이다. 매운탕이지만 칼칼하기보다 담백하다. 잡스러운 맛은 전혀 없고 시원하고 깔끔하다. 술을 마시지 않았는데도 속이 풀리는 기분이 들 정도다. 살코기는 쫄깃하다. 끽해야 어른 손바닥만 한 생선은 통통하게 살이 올라 숟가락질 몇 번에도 금세 배가 부르다.

한때 쑤기미탕은 통영 사람들의 솔푸드라고 불렸을 정도로 사랑받았고 또 흔했다. 요즘은 어획량이 크게 줄어 좀처럼 보기가 어렵다. 전문 식당도 많이 사라졌다.

요즘은 졸복국이 그 자리를 대신하는 추세다. 복어는 지역을 막론하고 최고 해장국 재료로 꼽힌다. 이곳 복국은 좀 특별하다. 몸길이 10㎝ 안팎의 작은 물고기인 졸복이 주인공 역할을 톡톡히 해서다. 혹여나 작다고 우습게 보면 안 된다. 국물 맛의 깊이가 남다르다. 국물에 식초를 휘 한 바퀴 둘러 맛보면 은근히 시고 달큼한 맛이 계속 입맛을 당긴다. 졸복은 살보다는 쫀득쫀득한 껍질이 별미다. 미나리나 콩나물 같은 건더기와 껍질을 한번에 집어 장에 찍어 먹으면 그렇게 맛이 좋다.

쑤기미탕 : 험악한 생김새…속살은 쫄깃, 담백·깔끔 매운탕 국물 압권.
졸복국 : 식초 두르면 달큼한 맛 살아. 쫀득한 껍질, 미나리와 궁합.
시락국 : 장어 뼈 달인 물에 된장 풀어, 방아·산초 가루 넣으면 별미.

100년 전통 맛집 '진미식당'의 쑤기미탕(빨간 국물)과 졸복국. 생김새는 소박해도 깊은 국물맛은 비길 데가 없을 정도다.

속풀이 음식으로 사랑받는 졸복국.

시락국은 속풀이 해장국이나 아침 식사로 잘 어울린다. 장어뼈를 곤 국물에 된장을 푼 지역 산 시래깃국을 말하는데 새벽녘에 뱃일을 마치고 먹던 것이 널리 퍼졌다. 관광객에게 특히 인기를 끄는 음식이지만 진한 장어국의 맛과 향이 비릿해 타지 사람이 선뜻 도전하기 어렵다. 그럴 땐 이 지역서 즐겨 먹는 방아나 산초 가루를 넣으면 된다. 아릿하고 싸한 기운이 더해지는 게 꽤 매력적이다. 여기에 김 가루와 부추 무침을 취향껏 곁들이면 좋다.

시락국의 참맛을 보려면 전통 시장에 가야 한다. '원조'니 '맛집'이니 하는 간판이 있긴 한데 어딜 가도 맛있단 평가다. 내부 풍경도 비슷하다. 한가운데를 가로질러 좁고 긴 테이블이 놓였고 그 위에 밑반찬 통이 죽 열 맞춰 있다. 손님은 넓은 접시에 반찬을 덜어 국과 함께 먹는다. 뱃사람·시장 사람을 위한 한식 뷔페인 셈이다. 6000~7000원짜리 한 그릇에 반찬이 10여 개 따라오니 이만큼 가성비 좋은 메뉴가 없다. 대개 점심 장사를 마치고 오후 3시쯤 문을 닫으니 가기 전에 영업 중인지 확인하는 편이 좋다.

산지에서 갓 잡아 올린 싱싱한 재료로 만든 해장 음식은 술에 지친 속도, 세파에 휘둘린 마음도 풀어준다. 몸보신에도 그만이다. 단 하나 주의해야 할 게 있다면 뜨끈한 국물이 또 술을 부를 수 있다는 점. 통영에서만 만날 수 있는 해장국이면서 술국인 귀한 맛이다.

사시장철 속 달래주는 진한 국물
포항 '당구국'

한 지역에서 오랫동안 사랑받는 향토 음식이 되는 첫 번째 조건을 꼽자면 '흔한 식재료를 쓴다'는 것 아닐까. 누구나 싼값에, 어디서나 편히 구해 조리할 수 있어야 자주 밥상에 오르게 된다. 자주 보면 정 들게 되는 법. 맛이 있고 없고를 따지기 전에 솔푸드가 되기 마련이다.

경북 포항에선 꽁치가 그렇다. 어느 어물전에 가든 꽁치는 마를 날 없는 생선이었다. 굽고 찌고 조리고 튀기고, 다양한 조리법을 동원해 먹었다. 포항 사람들이 얼마나 꽁치를 즐겨 먹었던지, 한때 청어를 해풍에 말려 과메기로 먹다가 청어가 귀해지자 꽁치 과메기로 그 자리를 대신했을 정도다.

그 유별난 사랑이 듬뿍 담긴 또 다른 요리가 있다. 바로 '꽁치당구국'이다. 과메기가 겨울 일미라면 당구국은 사계절 내내 즐겨 먹는 집밥 메뉴다. 포항에서 '당구'는 '칼로 잘게 다진다'는 뜻이다. 꽁치를 뼈째로 칼로 잘게 다진 다음 밀가루를 넣어 동그랗게 만든 완자도 '

해장국으로 오래 사랑받아온 경북 포항의 당구국. 꽁치를 다져 빚은 당구를 반으로 가르고 얼큰한 국물과 함께 떠먹으면 속이 확 풀린다.

당구'라고 부른다.

집밥이라는 건 집 냉장고 사정에 따라 변주되는 것. 당구국 역시 정해진 레시피는 없다. 된장찌개 · 김치찌개에 당구를 넣어 먹기도 하고 얼큰한 생선국에 소면을 말고 당구를 더하기도 한다. 당구에 제철 푸성귀와 양파 · 파를 함께 푹 끓인 다음 청양고추를 넣어 먹는 집도 여럿이다. 어느 집에선 당구국수, 다른 집에선 당구추어탕 등 부르는 이름이 다양한 이유가 여기에 있다.

신선한 꽁치를 판매하는 죽도시장 근처에는 널리 알려진 당구국 식당이 많다. 그중 '꽁치다대기추어탕집'이 가장 유명하다. 인기 비결은 양념에서 비롯한 얼큰한 국물맛이다. 시래기가 듬뿍 들어 있어 구수하다.

당구국을 주문하면 소박한 반찬과 흰쌀밥이 함께 나온다. 밥 한 공기를 통째로 뚝배기에 마는 것이 맛있게 먹는 팁이다. 평소 매운맛을 즐기지 않는 편이더라도 쫑쫑 썬 청양고추는 한 숟갈쯤 푹 떠 넣자. 꽁치의 기름진 맛이 매운맛을 감싸준다. 먹다보면 계속 추가하게 될 수도 있다. 국수사리를 말아 먹는 것도 별미다.

13년째 단골이라는 박상균 씨(54·포항 북구)는 "해장하기 위해 한두 숟갈 뜨다가 나도 모르게 소주를 주문하게 된다"면서 "진한 국물이 속을 달래는 데 그만"이라고 말했다.

꽁치회밥

꽁치의 새로운 매력을 맛보고 싶다면 꽁치회밥도 괜찮은 선택이다. 세심하게 가시를 바른 꽁치회와 갖은 채소를 흰밥에 비벼 먹는다. 꽁치회가 비릴까 하는 걱정은 덜어도 좋다. 다진 마늘과 청양고추를 넣

당구국의 맛에 악센트를 더하는 초피.

꽁치 뼈째 다져 동그란 완자로.
정해진 조리법 없어 활용 다양.
시래기도 듬뿍 들어 있어 '구수'.
청양고추 매운맛 곁들여 '얼큰'.

다진 마늘·청양고추·양파의 알싸한 맛과
꽁치회의 감칠맛이 찰떡궁합인 꽁치회밥.

포항 호미곶 '상생의 손'.

어 비린 맛이 비집고 들어갈 틈이 없다. 알싸한 맛이 외려 입맛을 계속 당긴다. 달짝지근한 고추장 양념은 살짝만 뿌릴 것을 추천한다. 그래야 회 본연의 맛을 만끽할 수 있다.

평범한 집밥 메뉴였던 당구국이 요즘은 식당에서나 먹는 특식이 됐다. 어획량이 줄기도 했거니와 그보다 생선살 다지는 일이 꽤나 힘든 탓이다. 그래도 여전히 꽁치는 흔하고 저렴한 생선이라 서민의 지갑 사정 달래기엔 당구국만 한 메뉴가 없다.

달큼한 맛 은은한 향 선사하는
하동 '은어밥'

몇 년 전 텔레비전을 보다가 깜짝 놀란 일이 있다. 듣도 보도 못한 낯선 음식이 나와서다. 윤기 도는 흰쌀밥에 생선 대여섯 마리가 통째로 머리부터 박혀 있는 모습이 가히 별났다. 음식 이름은 '은어밥'. 언젠가 꼭 맛보리라 벼르고 별러왔다.

은어는 이름처럼 배 부분이 은빛으로 빛난다. 강에서 태어나 바다로 나갔다가 이듬해 봄 하천을 거슬러 올라와 알을 낳는다. 고향으로 되돌아오는 동안 내내 굶다가 산란을 마치고 생을 마감한다. 그 성질이 마치 선비처럼 곧다고 해서 '수중군자(水中君子)'라고도 불렸다.

성정만큼 맛도 유별나다. 민물고기임에도 특유의 잡내가 나지 않는다. 그뿐일까. 싱싱한 은어는 은은한 수박 향까지 날 정도란다. 맑은 하천에 살면서 바위에 붙은 깨끗한 이끼만 먹어서 그렇단 소문이다.

요즘은 양식이 잘돼 3월 말부터 늦은 11월까지 활은어를 맛볼 수 있다. 자연산은 6월부터 8월까지 나온다. 제철의 한가운데인 7월 은어밥

'혜성식당'의 여름 한상차림. 6~8월엔 은은한 수박향이 나는 자연산 은어를 맛볼 수 있다. 참게가리장은 감칠맛 도는 게 일품이다.

을 먹으러 경남 하동으로 향했다.

예부터 하천 지역에선 은어를 흔히 먹었다. 강원 양양·영월, 경북 영덕·안동 등지에선 지금도 특산품으로 꼽히며 다양한 요리가 발달했다. 주로 은어로 육수를 내 국수를 말거나 구이로 즐겼다. 섬진강을 낀 하동에선 은어로 밥을 지었다.

화개면 십리벚꽃길 초입에 있는 '혜성식당'은 40년째 성업 중인 향토 음식 전문점이다. 명성을 말해주듯 입구 앞 수족관에 싱싱한 은어가 한가득이다. 동네 토박이인 김판곤 사장(68)은 "적당히 비가 내려야 이끼가 잘 자라 은어가 풍년"이라면서 "지난해와 올해는 가물어서 은어가 적었는데 얼마 전 비가 내려 오늘 자연산이 많이 들어왔다"고 기자를 반겼다.

이곳에선 '영양돌솥은어밥'을 내놓는다. 솥에 멥쌀 · 흑미 · 콩 · 은행과 편으로 썬 인삼을 고루 섞어 밥을 짓다가 밥물이 졸아들면 내장을 따 손질한 은어를 살포시 올려 뜸을 들인다. 밥이 다 되면 식기 전에 은어 머리를 잡고 젓가락으로 몸통을 죽 훑어 내려 살만 발라낸다. 여기에 양념을 넣어 비벼 먹는다. 김 사장은 "예전엔 은어를 세워 꽂아 밥을 짓기도 했는데 그러면 나중에 모양이 망가져 뼈를 바르기 어렵다"고 설명했다. 꿈에 그리던 밥상을 받았으니 이젠 맛을 볼 차례. 강렬한 생김새에 비해 맛은 순하다. 생선이 들어갔다는 생각이 들지 않을 정도로 비린내가 없다. 짠맛도 적다. 고소하면서 달큼한 감칠맛이 입맛을 돋운다. 가시 없이 발린 살은 마치 버터처럼 입속에서 부드럽게 뭉개진다. 양념장이 없어도 간이 맞는다.

연거푸 숟갈을 뜨다가 목이 막히면 같이 나온 재첩국을 먹으면 된

은어구이 참게가리장

자연산 잡히는 6~8월 제철, 잡곡밥에 올려 뜸들여 먹어.
담백한 맛…재첩국과 '찰떡'. 곡물 가루 섞어 죽처럼 끓인
'참게가리장'도 대표적 음식.

7월이 제철인 은어.

김판곤 혜성식당 사장이 수족관에서
은어를 건지고 있다.

다. 해수와 담수가 만나는 섬진강 하구에 서식하는 재첩 역시 이 지역 특산품이다. 크기는 새끼손톱만큼 작아도 국을 끓이면 시원하다. 맛이 세지 않아 담백한 은어밥과 찰떡궁합이다.

은어를 별미로 맛보고 싶다면 튀김을 추천한다. 뼈째 튀겨 먹는데 억세지 않아 먹기에 불편하지 않다. 회나 구이는 특유의 수박 향을 듬뿍 느끼기에 제격이다.

참게가리장

하동에서 빼놓으면 섭섭한 음식이 또 있다. 참게가리장이다. 일종의 참게탕인데, 외지 손님들은 수프처럼 걸쭉한 모습을 보고 다들 갸우뚱한단다. 이름에 든 참게가 보이지 않으니 혹 게를 갈아서 끓였나 싶은데, 국자로 뚝배기를 휘저으면 토막 난 참게가 모습을 드러낸다.

탄생 유래를 살펴보면 선조의 지혜에 무릎을 치게 된다. 곤궁한 시절 작은 참게 한두 마리로 대식구를 먹여야 했는데 그때 꾀를 낸 것이 지금의 참게가리장이다. 국물에 밀가루를 풀어 죽처럼 걸쭉하게 끓였다. 그럼 은근히 게 맛이 나는 국물을 몇 번만 떠먹어도 금세 배가 불렀다고. 먹을 것이 넘치는 요즘엔 식당마다 그 나름의 비법으로 변화를 꾀한다. 어디는 깻가루, 어디는 여러 곡물 가루를 섞어서 쓴다. 혜성식당은 쌀가루를 푼다. 덕분에 맛이 진하고 구수하다. 뒷맛이 텁텁하지 않고 깔끔하다. 식사를 마치는 사이 식당에 손님이 꽉 찼다. 여름 내내 주중·주말을 가리지 않고 늘 만원이다. 세상이 좋아져 사시사철 은어·재첩·참게가 나온다지만 제철에 먹는 건 또 다른 매력이다. 무더위를 기다리게 하는 섬진강의 여름 맛이다.

제주도

서귀포 모멀조베기
제주 말고기회와 검은지름
제주 접짝뼈국

씹을수록 쌉싸래한 명품 조연
서귀포 '모멀조베기'

제주 향토 음식 '모멀조베기'는 음식 이름이 생소하지만 뜻을 풀어 보면 어렵지 않다. 모멀은 메밀, 조베기는 수제비를 뜻하는 제주 사투리다. 순하고 부드러운 메밀수제비 반죽은 미역국·들깨탕·육개장 어디에 넣어도 잘 어울리는 명품 조연이다.

"제주에선 아기를 낳으면 꼭 친정 엄마가 모멀조베기를 해 먹였지. 나처럼 50~60대 나이 되는 사람이면 많이들 가지고 있는 추억일 거야."

제주에서 나고 자라 어느새 쉰 살을 훌쩍 넘긴 한 토박이는 모멀조베기를 이렇게 기억한다. 요즘도 제주에 있는 산후조리원에선 출산 직후 산모에게 일주일 동안 모멀조베기를 제공한다. 메밀은 제주에서 흔히 쓰는 재료로 특히 출산을 막 끝낸 산모에게 더없이 좋은 건강식품이다. 메밀 속 핵심 성분인 루틴이 모세혈관을 강화해줘 혈액 순환에 도움을 주고 부기 빼는 데 탁월하다. 60~70대 '제주 할망'들은 모멀조베기 대신 '메밀 꿀물'을 마시기도 했을 정도다. 따뜻한 물에 메

제주 서귀포에 있는 '소낭밭해장국' 식당은 모멀조배기를 넣고 끓인 고사리육개장을 선보인다.

제주 지역 대표 산후조리 음식, 친정 엄마 손맛 그립네.
미역·무 함께 끓인 맑은 국에 숟가락으로 메밀반죽 떠 넣어.
요즘은 들깨탕·육개장과 궁합, 쫀득함 없지만 메밀 향 존재감.

밀가루를 풀어 꿀을 타 마시며 기력을 보충했다.

모멀조베기 만드는 재료는 간단하다. 메밀가루·미역·무만 있으면 된다. 물에 숭덩숭덩 크게 썬 무를 넣고 소금으로만 간을 한다. 제주산 미역은 다른 곳에서 난 것보다 부드러워 미리 기름에 볶을 필요가 없다. 오히려 너무 오래 삶으면 식감이 흐물흐물해지니 물이 팔팔 끓은 다음 넣어도 된다. 메밀 반죽은 찰기가 없어 손으로 뜯어 수제비를 만드는 것이 쉽지 않다. 메밀가루에 3배 조금 넘는 양의 물을 넣고 갠 다음 숟가락으로 조심조심 떠서 끓는 물에 넣으면 된다. 반죽이 숟가락을 타고 국물로 미끄러지듯 들어간다. 메밀은 '품에 잠깐 안고 있다

가 먹어도 된다'는 말이 있을 정도로 빨리 익는다.

다만 요즘은 제주에서 모멀조베기 식당을 찾기가 쉽지 않다. 옛 음식을 찾는 이가 차츰 줄자 전문점들이 문을 닫아서다. 또 전통 방식 그대로 맑은 국으로 나오는 형태는 토박이들이 집에서 향수를 불러일으킬 때나 먹는다. 식당에선 젊은 세대를 겨냥해 들깨탕에 모멀조베기를 추가하거나 고사리 육개장에 넣어 내놓는다.

제주 서귀포시 회수동에 있는 '소낭밭해장국'에선 육개장에 든 모멀조베기를 맛볼 수 있다. 형태를 알아볼 수조차 없을 정도로 푹 익힌 고사리 사이사이 회색빛 도는 모멀조베기가 고개를 내민다. 후후 불어 한입 깨물어보니 부드럽게 숭덩 잘려 나간다. 일반적으로 떠올리는 수제비의 쫀득함은 없다. 대신 씹을수록 쌉싸래한 메밀 향이 난다. 국물에서도 메밀의 존재감이 느껴진다. 메밀가루를 아낌없이 풀어 걸쭉하게 만들었기 때문이다. 고춧가루를 듬뿍 넣어 얼큰한 국물을 들이켜면 속이 뜨끈해진다.

생고기는 쫀득, 막창은 야들… 오묘한 맛
제주 '말고기회와 검은지름'

'말궤기론 떼 살아도 쉐궤기론 떼 못 산다.'

말고기는 끼니가 되고, 쇠고기는 끼니가 못 된다는 제주 속담이다. 그만큼 말고기는 영양이 풍부해 더위에 지친 몸을 일으켜 세울 제주 대표 보양식으로 손꼽힌다. 제주에선 신선한 말고기를 생으로 썰어 회로 즐기거나 내장을 삶아 '검은지름'으로 먹는다.

제주에서 말고기를 먹기 시작한 건 고려 충렬왕 때 몽골식 목장이 설치되면서다. 조선 시대엔 제주 진상품으로 말고기 포를 떠서 말린 '건마육'을 임금에게 올렸고, 실제로 연산군은 보양식으로 흰말고기 육회를 즐겼다고 한다. 현재 국내에서 유통되는 말고기의 70% 이상이 제주산이며 건초와 사료를 먹고 자란 비육마(고기용 말)다. 일각에선 불법 도축에 대한 우려가 있지만 제주도는 말고기 산업 전담팀을 꾸려 경주 퇴역마 사용을 자제하고 전문적으로 비육한 제주마를 소비하기 위해 사업을 추진하고 있다.

말고기는 혈당 관리에 도움을 주며 골다공증
예방에도 효과적인 것으로 알려져 있다.

말고기는 저지방·고단백 식품이다. 특히 말고기엔 불포화지방산인 팔미톨레산 성분이 소(2.6%)와 돼지(2.8%)보다 3배 이상 많다. 이는 콜레스테롤 수치를 낮추고 혈당 관리에 도움을 준다. 또한 글리코겐과 칼슘·철 성분이 풍부해 골다공증 등을 예방하는 데도 좋다. 말기름은 아토피 같은 피부 질환을 완화하는 데 도움이 돼 화장품 원료로도 쓰인다. 조선 시대 의학 서적 ≪동의보감≫에 따르면 말고기는 신경통과 관절염·빈혈뿐 아니라 척추 질환 치료에도 효험이 있다는 기록이 있다.

말고기를 가장 맛있게 먹는 방법은 익히지 않고 회로 먹는 것이다. 워낙 신선해 별다른 양념이나 조리 없이도 식감과 향이 뛰어나다. 말고기 맛을 좀 안다는 제주 사람은 검은지름을 빼놓지 않고 이야기한다. 검은지름은 말의 막창을 말하는데 '지름'은 '기름'을 일컫는 제주 방언이다. 말기름이 가득한 검은지름은 껍질의 쫄깃함과 기름의 고소함을 배로 느낄 수 있는 최고의 별미다. 제주 토박이인 이기철 씨(68)는 검은지름은 말을 잡는 날에나 구경할 수 있는 귀한 부위라고 한다.

"검은지름을 맛보는 건 쉽지 않습니다. 말 한 마리당 1m 정도밖에 안 나오거든요. 내장 안엔 말기름이 꽉 차 있는데 옛날에 화상을 입으면 그 위에 이 기름을 발라 치료하기도 했어요."

말의 고장답게 제주엔 말고기 전문점이 많다. 제주에 방문한 관광객들은 주로 말고기 육회·구이·찜·탕·샤부샤부가 차례로 나오는 코스 메뉴를 즐긴다. 제주시청 근처에서 20년 넘게 신선한 말고기를 선보이는 식당 '한라산조랑말'을 찾았다. 사장 김순심 씨(59)는 "매주 목요일 남편이 운영하는 목장에서 말을 들여온다"며 "고기 단면이 진홍빛인 36~84개월의 비육마를 1년에 평균 70마리 정도 잡는다"고 말했다. 말이 들어오

말고기 시식

저지방 고단백의 지역 대표 보양식,
회처럼 썰어 먹으면 깔끔한 맛 일품.
내장은 수육·탕으로 고소함 즐겨,
누린내 없고 부드러운 구이도 담백.

검은지름

말고기회

한라산 조랑말

는 날엔 이른 저녁부터 동네 주민들이 찾아와 식당 자리를 금세 채운다. 말고기는 제주 안에서도 나이 지긋한 어른들이 즐겨 먹는 음식이란다.

"제주도민들 가운데서도 젊은 세대는 말고기를 한 번도 안 먹어본 사람이 있을 거예요. 어른들이 저녁에 말고기 회에 소주 한잔하거나 검은지름을 수육이나 탕으로 베지근하게 끓여 먹죠. 초밥 · 양념 육회 · 샤부샤부처럼 말고기를 좀 더 맛있게 즐길 수 있는 메뉴를 개발했는데, 최근 들어서는 젊은 친구들도 종종 찾아옵니다."

제주도민처럼 말고기를 맛봤다. 가장 먼저 나온 건 말고기회다. 진한 자주색을 띠는 생고기가 도톰하게 썰려 있다. 참치회라고 해도 믿을 정도로 생김새가 비슷하다. 말고기회는 기름장에 찍어 먹거나 고추냉이를 얹어 먹는다. 기름장을 콕 찍어 입안에 넣으면 혀에 닿자마자 극강의 쫀득함이 느껴진다. 입에 넣고 살살 씹으니 생고기의 감칠맛이 감돌며 기름기가 없어 뒷맛이 깔끔하다.

이어서 검은지름이 모습을 드러냈다. 순대처럼 기다란 내장이 뽀얗게 삶아져 나온다. 내장 안에 말기름이 가득 차 있다. 말기름은 40℃ 이상에서 녹는 소기름과 달리 14℃의 낮은 융점을 가져 입안에서 사르르 녹는다. 쿰쿰한 내장 냄새는 전혀 없이 야들야들한 식감과 기름의 풍미만 남는다. 양파와 고추로 만든 장아찌를 곁들이면 느끼함 없이 먹을 수 있다. 말고기 구이도 인상적이다. 쇠고기와 달리 마블링이 없어 고기를 굽기 전에 말기름을 돌판에 두른다. 그 위에 튀기듯 말고기를 구워내면 된다. 식감은 잘 구운 쇠고기 안심보다도 부드럽고 누린내가 없어 담백하다.

여름 휴가철 제주에 갈 계획이 있다면 이색 보양식 말고기로 여행을 마무리해보길 추천한다.

입에 짝 달라붙게 고아 국물 맛 진한

제주 '접짝뼈국'

"국물 맛이 베지근하우다."

'베지근하다'는 제주 사투리로, 기름진 맛이 깊고 진하면서도 담백하다는 의미다. 속을 든든히 채워준다는 말로도 쓰인다. 제주 사람들에겐 고깃국 맛을 칭찬하는 최상급 표현으로 통한다. '베지근하다'는 말이 딱 들어맞는 향토 음식이 바로 '접짝뼈국'이다. 접짝뼈는 좁짝뼈라고도 불리며 '접으면 짝 붙는 뼈'라는 뜻으로 돼지 앞다리와 몸통 사이 1~3번 갈비뼈를 이른다.

과거 제주에선 집안 잔치를 벌일 때면 돼지를 잡았다. 살코기는 쪄 돔베고기(도마 위에 올린 수육)로, 내장은 순대로, 뼈는 푹 고아 국으로 끓여 손님과 나눠 먹었다. 돼지고기 육수에 해조류인 모자반을 넣은 몸국, 고사리를 넣은 고사리육개장 등이 대표적인 잔치 국이다. 그 중 접짝뼈국은 결혼식에만 등장하던 특식이다. 접짝뼈는 돼지 한 마리에서 어른 손바닥 2개 정도의 양밖에 나오지 않는 부위다. 그만큼 귀

하디 귀했으니, 그날의 주인공인 신부 몫으로만 돌아갔다.

전통적인 접짝뼈국은 육수에 뼈를 잘게 잘라 넣고 끓인다. 여기에 감칠맛을 더할 무와 두부를 썰어 넣는다. 마지막으로 메밀가루를 풀면 걸쭉하면서도 구수한 맛이 난다. 국이나 탕에 메밀가루를 넣는 것은 제주 향토 음식의 특징 가운데 하나다.

제주는 화산섬이라 배수가 지나치게 원활해 벼농사가 잘되지 않았다. 대신 메밀이 흔했다. 메밀을 익히면 찰기가 생기는데, 고기를 적게 넣고 국물을 많이 잡아 끓인 고깃국에 메밀가루를 풀면 고기에 메밀이 붙는다. 그걸 숟가락으로 떠먹으면 전부 고기처럼 느껴지게 되는 것. 곡류가 들어간 터라 배를 채우기에도 좋았다. 없는 살림에 손님 모두를 배불리 먹게 한 선조의 지혜였던 셈이다.

접짝뼈국은 다른 뼈국과 달리 손으로 건더기를 들고 살을 발라 먹는 수고가 필요 없다. 접짝뼈를 한입 크기로 잘라 넣어서다. 숟가락만으로도 쉬이 먹을 수 있다. 양용진 제주향토음식보전연구원장은 "혼례를 마치고 흰 적삼을 입은 새색시가 손으로 뼈를 들고 발라 먹는 건 우리 정서에 있을 수 없는 일"이라며 "얌전하게 먹을 수 있도록 배려한 조리법"이라고 설명했다.

최근 색다른 향토 음식을 찾는 관광객이 늘면서 섬 곳곳에 접짝뼈국을 내놓는 식당이 속속 생겨나고 있다. 접짝뼈가 워낙 생산량이 적은 탓에 돼지 등뼈로 요리하는 곳이 많은데, 엄밀히 말하자면 전통과는 거리가 멀다. 양 원장은 "제주 음식이 관심을 받는 것은 좋지만 역사가 깃든 향토 음식이 적절한 설명 없이 변질되는 것은 안타깝다"고 전했다.

제주시 삼양이동에 있는 '화성식당'은 전통 조리법을 고수하고 있